KB114380

# 한복,
# 여행
# 하다

권미루 지음

# 한복,
# 여행
# 하다

초판1쇄 2017년 8월 8일
지 은 이 권미루
펴 낸 이 한효정
펴 낸 곳 도서출판 푸른향기
디 자 인 화목
마 케 팅 유인철

출판등록 2004년 9월 16일 제 320-2004-54호
주 소 서울 영등포구 선유로 43가길 24 거성파스텔 104-1002 / 07210
이 메 일 prunbook@naver.com
전화번호 02-2671-5663
팩 스 02-2671-5662
홈페이지 prunbook.blog.me | facebook.com/prunbook | instagram.com/prunbook

ISBN 978-89-6782-057-2 03980


값 15,000원

이 도서의 국립중앙도서관 출판예정도서목록(CIP)은 서지정보유통지원시스템 홈페이지(http://seoji.nl.go.kr)와 국가자료공동목록시스템(http://www.nl.go.kr/kolisnet)에서 이용하실 수 있습니다.
CIP제어번호 : CIP2017017561

한복여행가,
히말라야에서 스페인까지

# 한복, 여행하다

권미루 지음

푸른향기
Prunbook Publishing Co.

博學於文約之以禮
國家安危勞心焦思
爲國獻身軍人本分
天與不受反受其殃耳

見利思義見危授命
庸工難用連抱奇材
人無遠慮難成大業
歲寒然後知松栢之彫

여는 글

# 떠나볼까, 한복 입고

"너 관심종자 아니야?"

한복 입고 여행을 떠난다는 내 말에 친구가 눈을 동그랗게 뜨며 물었다.

"응, 맞아. 그런데 사람들이 나보다 한복을 좀 더 봐줬으면 해."

내 말에도 친구는 의심의 눈초리를 거두지 않았다. 그 모습에 오기가 생겨 주먹을 불끈 쥐었다. 이 계획을 꼭 이루고 말리라!

"나 한복 입고 나갈 건데, 괜찮겠어?"

친구를 만나러 가기 전 나는 항상 이렇게 먼저 묻곤 했다.

"창피하니까 입지 마."

이런 대답이 들려올 때마다 나는 괜스레 슬퍼지곤 했다. 내가 한복을 입고 돌아다니면 누군가는 이상하게 보았고, 누군가는 신기해했으며, 누군가는 감탄의 눈길을 보냈다. 처음에는 사람들의 시선을 받는 것이 두려웠지만, 곧 기분 좋은 설렘으로 바뀌었다.

고백하건대, 한복을 입게 되면서 삶이 풍요로워졌다. 나는 한때 나의 얼굴을 좋아하지 않았다. 작은 눈에 낮은 코를 가진 내가 마음에 들지 않았다. 사람들이 나를 쳐다보는 게 싫어 단발머리로 얼굴을 가리고 다니기도 했다. 그런데 한복을 입기 시작하면서부터 나는 특별한 사람이 되었다. 단지 옷이 바뀌었을 뿐인데 내 마음이, 내 생각이, 발걸음의 무게가 달라졌다. 한복을 입었을 때의 느낌과 심장 뛰는 소리가 좋았다. 한복치마가 바스락거리는 소리가 꼭 응원가처럼 느껴졌다. 화선지에 먹이 스며들듯 한복은 내 몸에 자연스레 스며들었다.

한복을 입은 나는 항상 씩씩했다. 프로젝트를 만들어 한복을 입은 사람들을 만났다. 숨통이 트였다. 한복을 사랑하는 사람들이 많다는 것을 알게 되자 자부심이 생겼다. 한복을 입고 다양한 활동을 하고 있는 내가, 한국의 전통과 문화가 더할 나위 없이 자랑스러웠다.

그러던 어느 날 엉뚱한 생각이 들었다. 한복만 입고 여행할 수 있을까? 한복차림으로 히말라야에 오른다면? 한복을 입은 나를 세계 각국의 사람들은 어떻게 생각할까? 몹시 궁금했다. 한복이 나를 어디까지 이끌고 가는지, 내가 어디까지 도전할 수 있을지 알고 싶었다. 주변에서는 불가능한 일이라며 말렸다. 난 그들의 단단한 편견을 깨고 싶었다. 불가능의 실체를 직접 몸으로 부딪혀 체험하고 싶었다.

여행하는 동안 나의 소신과 생각을 대변해주는 것은 한복이었다. 내가 좋아하는 옷을 입고 내가 좋아하는 여행을 하면 오로지 내 자신에게만 집중할 수 있을 것 같았다. 관광명소에 가서 깃발을 꽂고 오는 여행이 아니라, 내 스타일대로 한복을 통해 새로움을 느끼고 싶었다. 여행지가 삶의 터전인 사람들을 만나 그들의 삶과 나의 삶이 한데 섞이는 경험을 하고 싶었다. 한복을 통해 새롭게 보이는 것들을 마주하고 싶었다. 그렇게 나는 한복을 입고 용감하게 세계 속으로 걸어 나갔다.

한복여행을 마치고 돌아오면, 나에게 관심종자냐고 묻던 친구가 슬며시 이런 질문을 하게 될지도 모른다.

"한복 입고 여행하니까, 어땠어?"

현식사진관
•가족사진
•현상·인화

차 례

## 2장 한복, 히말라야 안나푸르나에 오르다 | 네팔

## 5장 말 타기에 좋은 한복은? | 몽골

# 1장 이탈리아

## 전통한복만 챙겨서

M·AGRIPPA·L·F·COS·TERTIVM·FECIT

## 한복 입고 이탈리아 여행

어머니와 단둘이 이탈리아 여행을 떠나기로 결정한 날, 뜬금없는 질문을 던졌다.

"이탈리아에서 한복을 입으면 어떨까요?"

"좋지! 우리 딸 한복 잘 어울리잖아."

어머니의 대답은 매우 경쾌했다. '한복을 들고 가면 번거롭지 않겠니?' '매일 입으려면 불편하지 않을까?'와 같은 반응을 예상하고 미리 답안을 생각해두었던 나는 180도 다른 긍정적인 답변에 날아갈 듯 기뻤다.

"전주에서도 반응 좋았잖아. 한복 입은 널 사람들이 어찌나 좋아하던지."

어머니가 활짝 웃으며 말했다. 생일 날, 나는 어머니와 전주 여행을 떠났다. 딸과 함께 한 여행이 어머니께는 매우 특별했던 모양이었다. 나에게도 매우 중요한 이벤트였지만 사실 처음에는 몹시 걱정스러웠다. 한복차림으로 다니다보면 사람들의 시선도 받기 마련이고, 또 불편한 일이 생기기도 한다. 그런 나 때문에 어머니가 부담을 느끼시는 건 아닐까 염려돼 밤잠을 설쳤다.

그러나 전주 여행은 매우 성공적이었다. 전주행 기차에 탔을 때도, 전주 한옥마을 일대를 구경할 때도, 경기전을 돌아다닐 때도, 벽화마을에 갔을 때도 나는 한복차림이었고, 어머니는 그런 나를 불편해하지 않았다. 심지어 매순간 사진에 예쁘게 담아주었다.

나는 어렸을 적부터 한복을 좋아하는 아이였다. 외출할 때마다 한복을 입혀 달라고 졸라대니 어머니는 퍽 난감하셨을 거다. 밥 먹다가 흘리는 것은 예사요, 여기 저기 침을 묻히고 다니는 꼬맹이가 한복이라니! 그런데도 어머니는 나에게 예쁘게 한복을 입혀주셨고, 사진 속의 어린 나는 매우 행복한 모습이었다.

전주 여행 내내 여고생처럼 기뻐하는 어머니를 보며 나는 또 다른 여행을 계획하게 되었다. 바로 이탈리아 여행. 어머니는 과거 우체국에서 오래 일했던 골드미스였다. 꿈도 많고 가고 싶은 곳도 많았던 어머니에게 지금이라도 넓은 세상을 보여드리고 싶었다. 어머니와 함께라면 세상 어디를 가더라도 두렵지 않을 것 같았다.

## 이탈리아 여행 드레스 코드 '전통한복'

여행에 앞서 만만치 않은 숙제가 있었으니, 바로 한복 짐 싸기였다. 2월에 떠나는 여행인 만큼 날씨에 맞는 한복 선택이 중요했다. 한국에서는 이미 계절별로 다양한 한복을 입어보았다. 한복집에서 구입하는 맞춤한복은 대부분 춘추용이다. 그래서 덥거나 추운 날까지 완벽하게 대비할 수는 없다. 우리가 사시사철 다른 질감과 다른 두께의 옷을 입는 것처럼 한복도 계절과 날씨에 맞추어 입어야 한다.

가장 중요한 것이 한복의 콘셉트였다. 나는 이번 여행기간 동안 전통한복만 입기로 결정했다. 티셔츠나 바지, 운동화 위에 대충 걸치는 한복이 아닌 A부터 Z까지 제대로 갖춰 입을 생각이었다. 이전까지 나는 한복만 입고 여행한 적이 없었고, 여행만을 위해 한복을 입은 경우도 없었다. 나로서는 이탈리아 여행이 오로지 한복차림으로만 다니는 새로운 도전인 셈이었다.

나는 우선 이탈리아 여행 코스에 맞춰 한복을 선택하기로 했다. 이번 여행은 밀라노를 거쳐 피사, 로마, 베니스로 이어지는 일주일 코스였다. 가장 먼저, 여행일자에 맞춰 그날 무엇을 어떻게 입을지 고민했다. 종이에다 일자별로 구획을 나누고, 소장중인 한복을 떠올려 보았다.

아무래도 춘추용 저고리와 치마만으로는 힘들 것 같았다. 왜냐하면 이탈리아 북부는 추운 날씨니까. 게다가 일정에는 물 위의 도시 베니스도 있었다. 다른 지역보다 더욱 신경 써서 따뜻하게 입어야 했기에 털이 트리밍된 덧저고리를 하나 추가했다. 덧저고리는 저고리와 치마를 입은 상태에서 재킷처럼 한 번 더 걸치는 겉옷이다. 지난겨울 바람이 쌩쌩 부는 영하권의 날씨에도 이 덧저고리 덕분에 끄떡없었다. 짐이 늘긴 했지만 몸의 보온도 중

요했다. 여기에 뒤꽂이 두 개, 댕기 한 개, 꽃신 한 켤레에 부채까지 챙겼다.

다음은 짐들을 캐리어에 담는 일만 남았다. 사람들 대부분은 여행길에 한복을 챙길 때면 부피와 무게 때문에 걱정한다. 하지만 한복을 담는 커다란 종이상자만 포기하면 일은 훨씬 간편해진다. 그럼 무엇으로 한복을 싸냐고? 나에게는 비장의 무기가 있었다. 바로 '보자기.' 이머니께서는 이사할 적마다 이불과 잡동사니를 보자기에 돌돌 싸곤 하셨다. 나는 보자기에 한복을 곱게 포장했고, 가방은 한복 보따리들로 가득 찼다.

## 밀라노, 흑백 속 컬러풀

이탈리아 북부에 위치한 밀라노 말펜사공항은 꽤 쌀쌀하고 추웠다. 나는 내리자마자 화장실로 달려가 한복으로 갈아입었다. 두 겹으로 도톰하게 만든 저고리와 양단으로 멋을 낸 밝은 회색 치마였다. 여기에 버선과 꽃신도 잊지 않았다. 덕분에 나는 여행객들 사이에서 단연 튀는 모습이었다.

"신기하네. 한복치마가 바닥에 안 끌리네."

같은 방향으로 이동하던 한국 아주머니가 내게 말을 걸었다. 아주머니는 외국에서 한복 입은 사람을 처음 본다며 연신 신기해하셨다. 어디에서 왔느냐, 몇 살이냐, 나도 한복을 참 좋아한다 등등 한국인을 만날 때마다 으레 듣는 질문들이 이어졌다.

"한번 만져 봐도 돼요?"

사람들이 가장 관심을 갖는 것은 '한복감'이다. 한복은 다른 옷감과 재질이 다르기 때문에 손으로 만져봐야만 제대로 된 느낌을 알 수 있다. 내가 허락하자 아주머니는 조심스레 한복에 손을 얹었다.

"어머, 느낌 참 좋다! 나중에 한복 맞출 때에는 꼭 이런 걸로 해 입어야겠어요."

아주머니의 칭찬에 어깨가 절로 으쓱해졌다.

밀라노의 하늘은 금세 비가 올 것처럼 우중충하고 어두웠다. 세계적으로 유명한 패션의 도시이지만 사람들 대부분 어두운 색감의 옷을 입고 있었다. 무채색으로 차려입은 사람들 속에서 보라회색의 풍성한 한복치마가 흔들릴 때마다 사람들의 시선이 내게 와 닿았다. 뿌듯하고 기분이 좋았다. 갖가지 명품 브랜드로 휘휘 감은 것처럼 나도 모르게 가슴을 활짝 펴고 도도하게 걸었다.

## 여기서 찍으라구

두오모성당 광장은 비둘기들의 천국이었다. 주변 건물이 회색 대리석이어서 내 한복은 이곳에서도 단연 눈에 띄었다. 사람들의 시선이 나를 훑고 지나갔다. 이상한 사람을 피하려는 눈빛은 아니어서 안심이었다.

때마침 좋은 장소를 발견해 어머니와 사진을 찍기로 했다. 조금 색다르게 찍어볼 요량으로 두오모성당 입구의 기둥에 기대어 섰다. 이런저런 포즈를 취하고 있는데, 흰 수염 할아버지가 내 옆에 서 있었다.

"$%^#%#%^&#%."

"네?"

할아버지의 말을 알아들을 수 없어 나는 눈을 동그랗게 뜰 수밖에 없었다. 할아버지가 입은 옷을 보니 성당을 관리하는 직원 같다. 아뿔싸! 문화재 앞에서 내가 큰일을 저지른 게 아닐까? 나는 순식간에 얼어붙고 말았다. 할아버지는 동양 여자아이와 말이 통하지 않을 거라 생각했는지 손가락으로 문 가운데를 가리켰다. 아, 여기 가운데에서 사진을 찍으라는 뜻이었구나!

"아, 여기서요?"

바닥 가운데에 동그란 표시가 나 있었다. 내가 깡총 뛰어 동그라미 안으로 걸음을 옮기자 할아버지는 기분이 좋아지셨는지 그제야 내가 아는 언어로 말씀하셨다.

"굿! 베리 굿!"

그리고 할아버지는 하얀 수염을 쓰다듬으며 어딘가로 방향을 틀어 사라지셨다. 고마워요, 할아버지.

M

## 이런 데서 왜 한복을 입었대?

여행 기간 동안 한국에서 온 4,50대의 중년 단체여행객들을 많이 만났다. 한복을 입고 있으니 그분들의 시선이 나에게 꽂히는 건 당연한 일인데도 적응되지 않을 때가 많았다.

이탈리아의 한 휴게소에서 생긴 일이다. 볼일을 보고 잠깐 쉬고 있는데 울긋불긋한 등산복 차림의 아저씨가 대뜸 나에게 묻는다.

"한국인이에요?"

한복을 입은 나는 누가 보더라도 한국인이었다. 그래서 아저씨는 한국어로 내게 말을 건 것이다. 그런데도 순간 사고 회로가 정지한 것처럼 당황하고 말았다.

"그럼요, 한국인이죠."

애써 마음을 가다듬으며 차분히 대답했다.

"이런 데서 왜 한복을 입었대?"

"그냥 좋아서 입었어요."

나는 미소를 남기고 자리를 떴다. 그러자 뒤에서 "돈이 많은가봐." "불편하지 않은가?"라는 말소리가 우렁우렁 들려왔다.

사람들은 대부분 돈이 많아야만 한복을 입을 수 있을 거라 여긴다. 그도 그럴 것이 한국에서 한복은 특별한 행사에서만 입는 예복으로 여겨져 왔기 때문이다. 하지만 과거 우리 조상들은 한복차림으로 강가에서 빨래를 하고, 친구를 만났으며 산을 넘어 먼 거리를 여행하곤 했다. 나 역시 조상들이 그랬듯 한복을 입고 생활하고 여행하고 있을 뿐이다.

나도 한때는 한복이 입기 까다롭고 불편한 줄만 알았다. 5년 전의 나였다면 한복 여행은 상상도 하지 못했을 일이다. 하지만 막상 한복을 입고 여행을 해보니 조상들이 이 옷을 왜 그렇게 사랑했는지 알 것 같다. 한복은 자태가 우아하고, 선이 아름다울 뿐만 아니라, 걷고 먹는 데도 불편함이 없다. 후대에 누군가가 나의 한복여행 기록을 보게 된다면 흥미로워하지 않을까.

## 피자가게의 슈퍼스타

2월의 이탈리아 북부는 회색빛이었다. 사람들은 털실로 짠 모자에 두터운 점퍼를 입고 목도리를 휘휘 두른 채 걸음을 재촉했다. 겹저고리에 초겨울 한복을 입었지만 바깥에 있다 보니 조금씩 한기가 느껴졌다.

"엄마, 춥지 않으세요?"

"바람이 좀 찬 것 같다. 어디 잠깐 들어가 쉴까?"

어머니와 팔짱을 끼니 따뜻한 체온이 느껴지면서 마음도 따뜻해진다. '역시 인간 난로가 최고야!'라고 생각하며 더욱 몸을 밀착했다.

밀라노 두오모성당 앞에는 패션의 거리와 먹거리 가게들이 줄지어 서 있었다. 그 중 피자와 콜라를 판매하는 작은 가게가 보였다. 문을 열자마자 사람들의 시선이 나에게로 와 꽂힌다. 조금 쑥스럽다. 살짝 눈을 내리 깔아 치마를 움켜쥐어 보았다. 용기를 내 메뉴판을 살피는데 수런거리는 소리가 들린다. 한국뿐만 아니라 외국에서도 한복을 입은 나는 늘 호기심의 대상이다.

나는 재빨리 나의 든든한 지원군 어머니를 찾았다. 뒤돌아보니 어머니는 저 멀리서 멀찌감치 구경 중이시다. 그것도 얼굴에 환한 미소를 띠고. 분명 딸을 바라보는 외국인들의 시선에 자랑스러워하시는 것이리라. 하지만 엄마! 전 지금 매우 불편하다고요! 제 옆에 있어주세요! 나는 애처로운 눈빛으로 어머니에게 신호를 보냈다.

그때, 노란 머리의 외국인 여성이 나에게 대뜸 말을 걸었다.

"우리 아이가 함께 사진 찍고 싶어 하는데, 괜찮을까요?"

이제 갓 7살 정도 되었을까? 양 머리를 고무줄로 쫑쫑 맨 여자아이가 발그레한 얼굴로 나를 올려다보았다.

"물론이죠. 같이 찍어요."

내가 활짝 웃자 아이의 얼굴도 밝아졌다. 아이는 나와 찍은 사진을 보며 무척 좋아했다. 그런데 맙소사! 외국인 모녀의 뒤로 서너 명이 더 줄을 섰다. 그렇게 피자가게 안에서의 '깜짝 사진촬영'이 진행되었다. 나는 사진을 모두 찍고 나서야 자유의 몸이 되었다.

## 패션리더도 반한 한복

피사에 도착했을 때 한국, 유럽, 일본 등 여러 나라의 학생들을 만났다. 보라색 저고리에 밝은 은빛 치마를 휘날리며 넓은 길을 휘적휘적 걸어가니 모든 사람들의 시선이 내게 멈춘다.

"저거 봐, 한국인이야."

"한복이네."

고등학생 때 잠깐 배운 일본어가 내 귀에 들어왔다. 놀라운 일은 그 다음에 일어났다. 사람들이 내가 걸어갈 수 있도록 길을 터주기 시작한 것이다. 마치 성경 속 모세의 기적처럼! 그 중 한 명에게 가벼운 목례로 감사를 표했지만, 그의 눈은 내 저고리에 흠뻑 빠져 있었다.

피사는 넓은 잔디밭과 하얀 건물 세 채가 전부였다. 지반과 흙의 성분 때문에 서서히 기울어지기 시작한 피사의 사탑 앞에 여느 방문객처럼 손으로 받치고 등을 기대는 포즈를 했다.

"엄마, 사진 한 장 부탁해요!"

“나 잘 못 찍는 것 알지? 그냥 찍는다.”

“그래도 최선을 다해주세요! 자, 저 갑니다!”

어머니와 약속한 지점까지 빠른 속도로 달려가 멈춰 서서 그윽한 표정을 지어 보았다.

“앉아서 한 번 더요!”

여기까지 와서 이게 웬 고생이람. 어머니는 이렇게 생각하고 계실지 모른다. 죄송해요! 그래도 남는 건 사진뿐이잖아요. 그때, 어머니가 셔터 누르는 것을 멈추고 내 옆을 손가락으로 가리키신다.

"왜요?"

"옆에, 옆에."

그러고 보니 누군가가 내 옆에 와 있다. 선글라스로 앞머리를 올린 중년의 서양 여성이었다. 검정색의 긴 코트와 빨간 카디건의 배색이 척 봐도 멋쟁이였다.

"정말 신기한 옷이네요. 난생 처음 봐요. 어디서 왔어요?"

그녀는 아시아에 가본 적이 없다며 연신 신기한 눈으로 한복을 바라봤다.

"저는 패션에 관심이 많아요. 우리 함께 사진 찍을래요?"

가만 보니 그녀가 입은 카디건의 금색 장식 모양이 범상치 않아 보인다. 패션에 관심 있는 사람에게 한눈에 들어온 옷이라니, 어깨가 절로 으쓱했다. 어쩌면 훗날 그녀가 선택할 의상에 한복 배색과 모양이 큰 영향을 미칠지도 모른다는 생각이 들었다. 나는 기꺼운 마음으로 그녀와 사진을 찍었다.

## 기모노가 아닌 한복이라고요!

숙소에 가기 전, 휴게소에 들렀다. 어디를 가든 현지 과자를 먹어야만 직성이 풀리는 나는 가장 먼저 가판대로 달려갔다. 역시나 많은 사람들이 나를 쳐다봤다. 보통 사람들이 무슨 말을 하든 신경 쓰지 않는데 이번에는 그냥 넘어갈 수 없었다.

"저거 봐. 신기한 옷이야."

"기모노 같은데?"

맙소사, 기모노라니! 외국에서 한복을 '코리안 기모노'라고 부른다는 이야기를 들은 적이 있다. 그때는 분위기도 모양도 다른데 왜 사람들이 헷갈려 하는지 궁금했다. 하지만 두 사람의 말을 들으니 외국인들 눈에는 많이 헷갈리는 모양이었다. 한국을 홍보하기 위해 한복을 입은 것은 아니지만, 잘못된 것은 바로잡고 싶었다.

"일본인이세요? 이거 기모노죠?"

드디어 올 것이 왔다!

"아니에요! 이건 한국의 전통옷 한복이에요!"

나의 말투가 강했는지 흠칫 놀라는 표정이다.

"미안해요. 기모노인 줄 알았어요."

"미안해할 필요는 없어요! 기모노와 한복은 모양이 달라요. 이렇게 벨 모양으로."

치마를 훌쩍 들어 펼쳐 보이니 그제야 다른 점을 알아챈 듯 고개를 끄덕인다. 그 모습을 지켜보던 한 남성도 다가와 한복에 관심을 보였다. 설명을 듣고서는 매우 인상적인 옷이라며 칭찬을 덧붙였다.

“내가 아시아를 가볼 수 있을지는 모르지만, 기념으로 한국의 옷을 남기게 해 줘요.”

이렇게 예쁘게 말을 하는데 어떻게 사진을 찍지 않을 수 있겠어! 나는 그들과 다정하게 사진을 찍었다. 내가 한복과 함께 즐거운 추억을 쌓고 있는 것처럼 그들에게도 한복과의 새로운 추억을 만들어준다고 생각하니 기분이 좋았다.

## 피오레 할아버지, 그리고 닉

로마로 들어가기 하루 전날 피오레호텔(Fiore Hotel)의 지배인 피오레 할아버지를 만났다. 피오레는 이탈리아어로 '꽃'이라는 뜻이라고 한다. 세련된 목소리와 몸짓으로 손님을 맞이하던 할아버지는 내 보라색 저고리와 회색 치마를 보고는 감탄하는 눈치였다. 그 시선에 부응하기 위해 나는 한복치마를 두 손으로 가볍게 말아 쥐고 우아하게 걸었다.

하얀 곱슬머리가 멋진 피오레 할아버지는 지배인이면서, 셰프이자, 종업원이었다. 함께 일하고 있는 가족들에게 "음식은 이렇게 만들어야 해." "그 재료는 거기에 두지 마." 등등을 엄숙한 표정으로 지시하고는 쟁반에 놓인 따뜻한 음식들을 손님들에게 하나하나 나누어 주었다.

"오늘 하루 잘 보냈나요?"

친절한 인사도 잊지 않았다. 할아버지가 음식을 들고 나에게로 걸어오자 갑자기 심장이 두근거렸다.

'뭐라고 말을 걸면 좋을까?'

초등학교 때 선생님의 질문에 손을 들고 차례를 기다렸던 것처럼 긴장되었다. 나는 결국 '어버버' 하다 별 말도 못하고 음식을 받기만 했다.

샐러드와 스테이크 등 음식 대부분이 꽤 짰다. 이렇게 친절하게 서빙해 주셨는데 음식을 남기면 슬퍼하겠지? 나는 억지로 몇 술 더 삼키다 결국 포기하고 말았다.

식당에서 나와 3층에 있는 숙소로 걸음을 옮기는데 할아버지가 나를 불러 세웠다.

"얘야, 이리 좀 와보겠니?"

'애야'라고 부르기엔 적은 나이가 아니었지만 듣기 좋은 말이었다.

"저녁은 맛있게 먹었니?"

"네! 솜씨가 좋으시던데요."

나는 거짓말을 했다. 이런 경우에는 진심보다는 마음을 전하는 게 중요한 법이니까.

"그동안 한국인들을 많이 봐왔지만 너는 난생 처음 보는 옷을 입었구나. 닉! 닉!"

피오레 할아버지는 대화를 하다 말고 내 옆을 바삐 지나가는 청년을 불러 세웠다.

"닉이야."

"네?"

"이름이 닉이라고. 내 조카야."

피오레 할아버지는 자신감에 찬 눈빛으로 조카와 호텔을 소개했다. 가족들이 모두 함께 피오레호텔을 운영하고 있다며, 바쁠 때에는 모두가 일을 돕는다고 했다. 닉도 그 중 한 사람이었다.

"아마 이탈리아에서 한국인을 가장 많이 보는 사람이 나일 걸? 우리 함께 추억을 남기자고. 사진은 숙소 입구에다 걸어 놓을 생각이야."

호탕한 할아버지의 제의에 나도 기꺼이 따랐다. 할아버지가 내 왼팔을 잡고, 닉이 내 오른팔을 잡았다. 사진을 찍던 어머니가 갑자기 얼굴 한가득 웃음을 머금었다. 왜 웃는 것인지 궁금했지만 다정하게 사진부터 찍었다.

방에 가서 사진을 보고서야 어머니가 왜 웃었는지 알 수 있었다. 피오레 할아버지와 닉에게 붙들려 있는 나는 누가 보더라도 범인이었다.

"이건 경찰이 범인을 연행해 갈 때, 바로 그 모습이잖아!?"

내 말에 어머니는 참았던 웃음을 한꺼번에 터뜨렸다.

## 로마 돌길에서 꽃신 신고 사뿐!

로마 돌길과 꽃신은 아주 잘 어울렸다. 꽃신을 신고 올록볼록 튀어나온 돌 위를 펄쩍 펄쩍 뛰어다니거나 지그시 지르밟고 다니는 기분도 꽤 즐거웠다.

나를 보는 사람들의 시선은 대부분 예상치 못한 것을 만났다는 표정이었다. 그들의 시선이 내 꽃신에 닿았을 때 나는 짓궂은 어린아이가 된다.

"꽃신까지 챙겨 신었네요."

"버선까지 신었답니다!"

슬쩍 치마를 올리면 사람들의 시선은 내 발에 고정된다.

"어머, 불편하지 않아요?"

"전혀요!"

"아이고, 그래도 발이 많이 아플 텐데…."

이런 걱정은 진짜 경험에서 우러나온 말이다. 정말 자신들이 신어보고 힘

들었기 때문에 생면부지인 나에게도 한마디씩 거들어주는 것이다. 그런데 정작 나는 아무렇지도 않다. 오히려 플랫슈즈만큼 편안하고 가뿐하게 느껴진다.

물론 나 역시 처음부터 꽃신이 편했던 것은 아니다. 이게 다 시행착오를 겪고 마음에 드는 '인생 아이템'을 발견한 덕분이다. 한복을 처음 입었을 때 "당연히 한복에는 꽃신이지!" 싶었다. 꽃신은 버선처럼 신발 앞쪽 가운데가 볼록하게 하늘을 향해 있는 단색(혹은 두 가지의 색)의 신으로, 최소 3센티에서 7센티까지 굽이 매우 다양하다. 보통 한복집에서 한복을 맞추면 꽃신까지 세트로 챙겨준다. 치마가 너무 길어서 굽 있는 신을 신지 않으면 자락이 질질 끌리고 말기 때문이다.

그러잖아도 긴 치마가 발에 밟히는데, 굽 높은 구두를 신지 못하는 나로서는 죽을 맛이었다. 결국 나는 편한 신발을 찾아 서울 광장시장을 헤매고 다녔다. 그러다 한 매장에서 판매하는 꽃신을 신어봤는데 발이 전혀 아프지 않았다. 가격은 단돈 1만5천 원. 속는 셈 치고 구입해 집으로 돌아왔는데 웬걸, 신세계였다! 그 후로 나는 꽃신을 신고 어디든 갈 수 있게 됐다.

## 한복치마의 비밀

로마 여행의 가이드 비올라는 내 한복치마를 신기해했다. 그녀는 얼굴 가득 미소를 담고 시티투어 여행자들이 뒤처지지 않도록 세심하게 신경 썼다. 나를 알뜰살뜰 챙기는 것도 잊지 않았다.

밀라노와 달리 이곳 로마는 2월인데도 따뜻한 바람이 불었다. 그래서 나는 도톰한 겨울한복을 벗고, 춘추용 장저고리와 부푼 치마로 갈아입었다. 특별히 회색 매듭의 노란색 호박 노리개도 풀 장착했다. 흰색 바탕에 연보라색 고름, 보라색 치마는 로마의 날씨와 궁합이 좋았다. 보라색 제의를 입은 성직자를 만나고 나서는 내 자신이 더욱 거룩해진 느낌이었다.

"이 옷은 뭐야? 특이해서 아까부터 보고 있었어."

마침내 비올라가 말을 걸었다.

"이건 한복이라고 해. 한국의 전통의상이야."

"어째서 치마 모양이 이렇게 동그랗지?"

비올라는 내 치마를 골똘히 바라보며 물었다. 나는 비올라의 팔을 잡아끌며 속삭였다.

"우리 잠깐 저기 구석으로 가자."

다른 투어 손님들이 포로 로마노 앞에서 설명을 듣고 있는 동안, 나는 비올라에게 내가 입은 한복치마의 비밀을 알려주기로 했다. 우리는 별로 멀지 않은 건물 기둥으로 걸음을 옮겼다.

"원래 치마 형태가 이렇기도 하지만 안에 속치마를 함께 입어서 그래. 치마 자체도 예쁘지만 그 완성은 바로 이 속치마라고."

내가 보라색 치마를 뒤집어 올리자 하얀 2단 속치마가 모습을 드러냈다.

"와, 한번 만져 봐도 돼?"

나는 대답 대신 비올라에게 몸을 더욱 바싹 붙였다. 비올라는 속치마를 손으로 만져보더니 묘한 표정을 지었다. 내가 입은 것은 부드러운 재질이 아닌 빳빳한 속치마였다. 여행 중 막 입어도 눌리거나 변형되지 않고 한복의 형태를 더욱 정갈하게 잡아주는 아이템이었다.

"한국 사람들이 입는 옷이구나. 미루는 자주 입어?"

"응, 한복이 좋아서 지금처럼 여행할 때도 입고 있어."

비올라는 한국 사람들이 나처럼 여행할 때 이 옷을 입는지, 일상에서 자주 입는지 등을 물어봤고 나는 성의껏 대답했다.

"이건 내가 직접 디자인해서 만든 거야. 이 세상에 딱 한 벌뿐이지. 한국에 한복은 많지만 이 한복은 딱 하나라고."

내 말에 비올라의 눈은 더욱 커졌다. 그녀의 요청에 옷자락을 잡고 한 바퀴를 멋지게 돌아주었다.

이동하는 미니버스 안에서도 우리는 이야기꽃을 피웠다. 비올라는 한복뿐만 아니라 피부미용에도 관심이 많았다. 내 나이를 알려주자 믿지 못하는 눈치였다. 비올라는 나보다 몇 살이나 어린 동생뻘이었다. 건강하고 완숙미가 느껴지는 비올라는 내가 무슨 화장품을 쓰는지 궁금해 했다. 내가 사용하고 있는 제품은 특별할 게 없었지만 한국의 한방화장품이 인기라고 얘기해주자, 주머니에서 종이를 꺼내 받아 적기 시작했다.

로마 시내투어는 늦은 오후에야 끝이 났다. 비올라와 나는 투어 내내 함께 붙어 있었기 때문에 아쉬움이 컸다. 헤어질 때 비올라는 나를 안아주면서 안전한 여행이 되기를 바란다며 행운을 빌어주었다. 나는 그녀가 보이지 않을 때까지 손을 흔들었다.

2년이 지난 지금, 비올라는 나처럼 한복 입은 여행자를 만나보았을까? 만약 그렇다면 한복치마의 비밀에 대해서 이야기를 나누고 있을지도 모른다.

## 이게 바로 이탈리아 커피의 맛

이탈리아에 여행 오기 전, 인터넷에서 찾아본 나폴리는 그야말로 무서운 동네였다. 사람들은 이곳에서 마약 밀매가 이루어지고 있다며 몸조심하라고 당부했다. 나폴리 항구 근처에시 한참 배를 구경하다가 발길 닿는 곳 아무 데나 가보기로 했다. 이곳저곳 길쭉하게 서 있는 야자수를 보니 제주도가 떠올랐다. 한껏 긴장됐던 마음이 공원 잔디밭에서 낮잠 자고 있는 강아지를 보자 스르르 녹아내리고 말았다.

이탈리아에 왔으니 이탈리아 커피를 먹고 싶었다. 그때 현지인들로 가득한 카페가 눈에 띄었다. 이것저것 생각할 필요 없이 나는 당당하게 카페로 들어갔다. 작게 세워둔 메뉴판에는 온통 이탈리아로 적혀 있었다. 무슨 커피를 어떻게 주문해야 할지 난감했다. 한참 들여다보는 내가 이상했는지 바에 앉아 있던 남성이 말을 건다. 자신을 마테오라고 소개하는 그는 한자가 적힌 보라색 티셔츠를 입고 있었다.

"메뉴판 무슨 의미인지 이해해요?"

"아뇨, 몰라서 이러고 있어요."

마테오는 에스프레소가 방금 나왔다며 맛을 보여주겠다고 했다. 그런데

갑자기 설탕 한 봉을 죽 찢어 커피 안에 때려 붓는 것이 아닌가!

"그렇게 설탕을 많이 넣어도 돼요?"

"내 맘이죠. 난 쓴 게 싫거든요."

그가 내민 커피를 살짝 맛보았다. 여전히 씁쓸했지만, 설탕의 단맛이 쓴 맛을 감춰줬다. 음~ 이탈리아 커피에서는 이런 맛이 나는구나!

"같은 것으로 주문할게요!"

나는 머리털 나고 처음으로 에스프레소를 주문해봤다. 본래 커피를 좋아하는 편이 아니라서 카페에 가면 항상 생과일주스만 먹곤 했다.

이탈리아의 에스프레소는 내 손가락만한 아주 작은 잔에 담겨 나왔다. 마테오는 이탈리아 사람들은 커피를 블랙으로 마시지 않고, 꼭 설탕을 넣어 먹는다고 설명해주었다. 에스프레소에 설탕을 넣으면 커피 맛을 잘 모르는 사람이 되는 한국과 다른 문화였다.

나는 에스프레소에 설탕을 한 봉 모두 털어 넣었다. 역시나 쓰긴 했지만 혀끝에 느껴지는 달콤함이 기분을 업시켰다.

"좋아? 맛있어?"

갑자기 마테오가 한국어로 물었다. 내가 눈을 동그랗게 뜨자 마테오는 한국에 비즈니스 차 방문한 적이 있다고 말했다. 마테오는 한국에서 봤던 한복을 이곳에서 다시 보게 될 줄 몰랐다며 연신 반가워했다. 우리는 같은 커피를 마시며 에스프레소와 한복에 대해 이야기를 나누었다.

"마테오, 너는 행운아야! 나를 만나서 말이야."

내가 너스레를 떨자 기분이 좋아진 마테오는 자신의 휴대폰을 내밀며 추억을 담은 사진을 찍어야 한다고 강조했다. 맛있는 에스프레소 주문을 도와주어서 고마워. 네 덕분에 에스프레소를 마실 때마다 나폴리의 기분 좋은 바람과 너의 환한 미소를 떠올릴 수 있게 됐어.

## 마르코에게 배운 손님 맞춤형 판매

아침부터 서둘렀다. 로마 바티칸에 조금이라도 빨리 들어가기 위해서다. 5분 늦어질수록 줄이 1미터씩 뒤로 밀려난다고 하니 마음이 조급해졌다. 미리 예약하고 오면 바로 입장 가능하지만 비용이 훨씬 비쌌다. 이런 저런 고민 끝에 나는 기다려서 들어가는 쪽을 택했다. 꼭 비용 때문만은 아니었다. 기다리는 동안 여유롭게 주변 풍경을 살펴보고 싶었다. 여행 내내 이렇게 여유롭게 서 있기란 흔치 않은 일이니까.

세계에서 여행 온 각양각색의 사람들이 줄을 지어 이곳 바티칸 성벽 너머에 서 있었다. 나도 그들 틈에 자리를 잡고 하늘을 올려다봤다. 어찌나 쾌청하던지 봄의 한가운데 와 있는 것 같았다. 고개를 들어 두리번거리다가 우연히 눈에 들어온 박물관 표지판, 'Musei Vaticani'. 오래 기다린 편이 아닌데 금세 성벽까지 다다랐다. 오늘은 아침부터 운이 좋은 것 같다.

마르코는 '기다림의 줄' 밖에서 로마 시내와 바티칸 내부의 사진을 판매하고 있었다. 20대 초반으로 보이는 외모에 키가 훤칠했다. 가로등 근처에 지지대를 세워놓고 다양한 엽서를 쭉 붙인 채 열심히 판매하고 있었다. 사

람들 사이를 누비며 밝은 얼굴로 인사하는 그에게 관심을 갖는 사람은 많지 않았다.

"로마, 바티칸 엽서 팔아요. 단돈 1유로!"

나는 여행지에서 무언가를 살 때 '쓸모'보다는 '의미'를 찾는 편이다. 현장의 모습이나 상징을 담은 물건을 살 때마다 현지의 생생한 풍경을 소유했다는 생각에 설레곤 한다.

나는 마르코의 옆으로 다가가 세로로 길게 늘어진 사진을 확인했다. 뜨내기손님처럼 보이고 싶지 않아 물건을 열심히 '점검하는 척'했다.

"코리안 걸? 나 작년에 한국 갔었어."

마르코는 내 한복치마를 눈으로 훑으며 말했다.

"진짜? 한국을 알고 있구나."

"한국. 코리아. 안산. 안양. 이태원. 한강."

"여행 왔었니?"

"아니, 일하러 갔어. 나 김치 먹었어. 맛있다."

뜬금없는 김치 타령에 웃음이 나왔다. 얼마나 많은 사람들에게 '두유노우 김치?' '하우 어바웃 김치?'와 같은 질문을 들었던 것일까? 일종의 판매 전략이었다 하더라도 괜찮다. '김치'라는 단어 때문에 마르코가 판매하는 물건에 급 관심이 생겼으니까.

"하나만 사려고 했는데, 두 개 살게. 빨간 엽서, 노란 엽서 하나씩 줄래?"

"여기 있어. 고마워. 뷰티풀 코리안 걸. 감사합니다."

마르코는 마지막까지 한국인 고객 맞춤용 멘트를 날리며 씽긋 웃었다. 그러고 보니 그는 한국어만 할 줄 아는 것이 아니었다. 우리 앞쪽에 서 있던 중국인 손님에게는 "니하오마" "씨에씨에"를 외치고 있었으니까. 중국인 여행객들의 얼굴에 기분 좋은 웃음이 번지는 건 당연한 일이었다.

나는 마르코를 통해 손님 맞춤형 판매가 어떤 것인지 깨닫게 됐다. 만약 나중에 장사를 하게 된다면 바티칸 앞에서 엽서를 팔던 마르코를 떠올리게 될 것 같다.

## 한국인의 입맛, 볶음 고추장

여행하면서 한국이 가장 생각날 때가 언제냐고 묻는다면 바로 식사할 때가 아닐까? 김치와 고춧가루를 아낌없이 뿌린 김치찌개, 알알이 고소한 냄새가 나는 쌀밥은 너무나 익숙한 식탁 위 풍경이다. 하지만 비행기를 타고 낯선 나라에 발을 내딛는 순간 '먹는 것'은 여행자들의 도전이자 골칫거리가 된다. 현지식이 입에 잘 맞는다면 상관없겠지만 대부분 금방 물리고 만다.

이탈리아의 음식들은 느끼하거나 짜거나, 아니면 아무런 맛도 느낄 수 없이 밍밍했다. 평소 고수(동남아시아에서 많이 사용하는 향신료)나 레몬그라스를 넣어 만든 음식을 된장국 마시듯 아무렇지 않게 먹었던 나였기 때문에 조금 당황했다. 그놈의 도전정신이 문제였던 것일까? 내가 방문한 음식점에는 이탈리아의 그 흔한 피자, 스파게티, 리조또는 보이지 않았다. 때로는 잘 알려진 음식점을 방문하는 것도 매우 중요한 일이라는 것을 깨달았다.

그날 메뉴는 라자냐였다. 제대로 익지 않은 밀가루와 입에서 제멋대로 굴러다니는 재료들이 정말 최악이었다. 그런데 어머니는 나보다 훨씬 잘 드시고 계셨다.

"맛 괜찮아요?"

"괜찮다기보다… 지금 안 먹으면 이따 배 고프잖아."

어머니 역시 억지로 먹고 계셨던 거다. 나 역시 배가 몹시 고팠다. 하지만 내 앞의 요리는 허기마저 제압하는 맛이었다. 포크를 내려놓고 한참을 멍하니 있었다. 온몸의 세포와 뉴런들이 먹지 말라며 나를 막아서고 있었다. 그때였다. 누군가 내 팔뚝을 꾹, 누른 것은.

"이거 먹어요."

한국인 아주머니 한 분이 안타까운 표정으로 뭔가를 내밀었다. 그것은 볶음 고추장 튜브였다! 둘러보니 건너편 테이블에 한국인 여행객들이 한데 모여 식사를 하고 있었다. 김을 꺼내 나눠 먹는 그들의 모습이 한눈에 들어왔다. 고맙다는 인사도 하기 전에 아주머니는 밥을 잘 먹어야 돌아다닐 힘도 난다며 내 어깨를 두드리고 자리로 돌아가셨다.

아주머니의 배려에 마음이 찡했다. 한복을 입고 여행하며 종종 한국인들의 관심이 불편했었다. 그러나 이 순간만큼은 내가 한국 사람이라는 사실이 몹시 고마웠다. 아주머니는 한복을 입은 내가 식탁 위에서 즐겁지 않은 표정으로 멍하니 있으니 음식이 맛이 없다는 걸 눈치 챘을 것이다. 이런 복잡한 마음을 먼저 알아주었다는 것이 무척 고마웠다. 나는 머리털, 피부, 사용하는 언어뿐 아니라 몸속 작은 감각기관까지 한국인이었다. 다른 것은 몰라도 지금 이 순간 '볶음 고추장'은 나의 모든 것이다.

## 눈물 젖은 김치

이탈리아를 떠나기 하루 전, 어머니는 캐리어 깊숙한 곳에서 비닐봉지를 꺼냈다. 비닐 랩으로 돌돌 말린 네모난 통 속에 들어있는 것은 다름 아닌 김치였다!

"엄마! 김치 왜 가져왔어요?"

"친구들이 외국 갈 때는 꼭 김치 챙겨 가야 한대서."

여행 전 인터넷에서 읽은 글이 떠올랐다. 김치를 몰래 방에서 먹다가 현지인들의 컴플레인을 받았다는 내용이었다. 발효된 김치는 외국인들에게 코를 톡 쏘는 불쾌한 냄새인 모양이었다. 그래서 몇몇 여행사에서는 '절대 김치를 싸오지 마세요.'라는 경고문까지 내걸고 있다.

"김치 싸오지 말라고 말씀드렸잖아요. 여기 사람들이 안 좋아한단 말이에요."

분명히 짐을 싸기 전부터 어머니께 김치는 가져가면 안 된다고, 먹다가 걸리면 좋지 않은 일이 생길 수도 있다고 누누이 말씀드렸다. 그런데도 몰래 챙겨오셨다니!

"창문 열면 되잖아."

"열어도 냄새가 안 빠지잖아요. 저도 불쾌한데 여기 사람들은 어쩌겠어요?"

딸의 짜증에 어머니는 결국 얼굴을 붉히셨다. 애써 화를 누르고 있는데 어머니가 김치를 들고 화장실로 들어가는 모습이 보였다. 째깍거리던 시한 폭탄이 결국 터지고 말았다.

"엄마, 화장실에 왜 들어가세요!"

"네가 자꾸 냄새 난다고 하니까. 화장실에서 금방 먹을게."

"화장실에서 음식을 왜 먹어요! 나와요, 나와!"

내 등쌀에 어머니는 다시 방으로 들어와 김치통 뚜껑을 덮으셨다. 비닐봉지가 바스락바스락 소리를 내며 김치를 돌돌 싸는 동안 어머니와 나 사이에는 적막이 흘렀다.

문제는 그날 밤이었다. 다시 김치 얘기가 나왔고 어머니는 말없이 등을 돌려 누우셨다. 갑자기 끊긴 대화에 몸을 일으켜 보니 어머니는 어깨를 들썩이며 울고 계셨다.

"나는 네가 오늘 밥도 제대로 못 먹기에 걱정돼서 꺼냈다. 유럽 갔다 온 친구들이 그러더라. 음식이 기름지고 입에 안 맞으면 김치가 특효약이라고…."

난생 처음 유럽에 온다고 친구들에게 자랑했을 어머니. 딸을 잘 둬서 해외여행 한다고 친구들이 부러워했다며 뿌듯해하시던 어머니. 그런데 이곳 타국에서 어머니와 딸은 등을 돌리고 말았다.

슬슬 후회가 됐다. 그냥 적당히 말하고 말 걸. 어머니가 미워서 그런 모진 말을 한 게 아니었다. 나는 누군가가 우리를 '어글리 코리안'이라고 험담할까봐 걱정됐다. 어머니가 세련된 한국인처럼 보였으면 했다. 하지만 세련이고 뭐고 나는 어머니를 눈물 흘리게 만든 불효녀다. 그깟 김치 한 조각 먹는 게 대수라고. 결국 나는 펑펑 울고 말았다.

갑자기 고등학교 시절이 떠올랐다. 당시 어머니는 고급 과일이었던 딸기를 사다가 다른 식구 몰래 구석에 숨겨두셨다. 수능을 앞둔 딸에게 몰래 주기 위해서였다. 딸기를 내 책상 위에 올려놓으며 어머니는 뿌듯한 표정을 지으셨다. 집안이 어려웠기 때문에 그날 내 앞에 놓인 딸기는 정말 특별했

다. 나는 단 한 개도 남기지 않고 순식간에 한 접시를 비우고 말았다. 다 먹고 나서야 뒤늦게 어머니가 생각났다. 딸기를 먹는 데 정신이 팔려 다른 식구들을 위한 반찬을 포기하며 딸기를 샀을 어머니를 새까맣게 잊어버린 것이다. 그때나 지금이나 나는 왜 이렇게 이기적인지. 미안했던 기억들 속에서 한 번 터진 눈물은 멈출 줄 몰랐다.

## 한복 유전자를 물려받다

어머니는 유독 한복 입은 나를 자랑스러워 하셨다. 여행에서도 늘 애정어린 눈으로 날 지켜보곤 했다. 그 이유를 나는 이탈리아를 떠나기 전 알게 됐다.

"어머니는 언제나 한복을 곱게 입고 다니셨어. 너의 한복 태는 꼭 외할머니를 닮았어."

외할머니는 딸이 다니는 학교에 갈 때면 늘 옥빛 한복을 차려입으셨다고 한다. 그 자태가 어찌나 곱던지 선생님들도 외할머니를 특별대우 해주셨다.

"피부도 고와서 한복이 잘 어울리셨지. 머리 뒤에 핀을 꽂아 올림머리를 하셨는데, 그 모습이 어린 내가 봐도 참 단아했어."

외할머니가 입은 한복은 고전적인 한복이었다고 한다. 연한 노란 빛의 한복을 입고 딸의 결혼식에 갈 정도로 멋쟁이셨다고 했다.

지금의 어머니처럼, 외할머니는 언제나 화장대 앞에서 구루프로 곱게 머리를 말았다. 아침에 일어날 때까지만 해도 푹 꺼져 있던 머리는 딱딱한 것에 고슬고슬 말려서 뽕실뽕실 바람을 품고 다시 태어났다. 어머니의 말을 들으니 그 풍경이 눈앞에 생생히 살아나는 것 같았다.

"어머니가 한복을 입고 시장에 가면 사람들이 사모님, 사모님 했어. 종종 비단 옷집에서 고급스런 한복을 맞추곤 했는데, 그럴 때마다 쑥개떡도 얻어먹고 어린 마음에 참 행복했지."

한복집에서 쑥개떡을 먹던 여자아이는 어느덧 아들과 딸을 둔 엄마가 되었다. 이제는 내가 그 옛날의 소녀처럼 어머니의 손을 꼭 잡고 길을 걷고 있다.

"옛날에 할머니가 입으셨던 한복은 어떤 모양이었어요? 일하실 때도 입으셨어요?"

"그럼. 일할 때는 소매를 걷고 끈으로 치마를 올려 묶었지. 앞치마도 둘렀고 말이야. 소매가 똥그랬지. 붕어배래 같은 거였어."

"그땐 집집마다 버선본도 있었다면서요?"

"그렇지, 종이로 버선본을 만들어서 오린 후에 버선 잘라 박고 그랬어. 짬이 날 때마다 직접 바느질도 하고."

어머니는 시간이 오래 지나 기억이 잘 안 난다며 얼굴을 붉히셨다. 문득 아주 어릴 때 어머니 가슴에 안겨 낮잠을 청하던 때가 떠올랐다. 꽤 더운

여름이었지만 어머니에게 딱 붙어 달짝지근하고 부드러운 살 냄새를 맡는 것이 좋았다.

"외국 사람들이 너더러 예쁘다고 그럴 때마다 얼마나 뿌듯했는지 몰라. 옛날 엄마가 한복 입었을 때 모습이 새록새록 떠올랐지."

어머니는 한복 입은 딸과 이탈리아 여행을 하면서 내내 밝은 표정이셨다. 다리가 아프면서도 딸에게 뒤처지지 않으려고 부단히도 애쓰셨다. 어머니는 여행길에서 내 모습을 보며 외할머니를 추억한 모양이다. 고운 옥색 한복을 입고 어린 어머니를 들여다보던 외할머니를.

"딸아, 너도 이만큼 나이를 먹었구나. 그리고 나처럼 한복을 좋아하는 딸을 낳았구나."

어디선가 외할머니가 어머니를 내려다보며 이렇게 말하실 것만 같았다.

## 인기 폭발 이탈리아 여행기

이탈리아 여행을 다녀와서 몇몇 커뮤니티에 '한복여행기'를 업로드 했다. 지금껏 입어왔던 한복과 참여했던 행사에 대한 설명도 곁들였다.

사실 글을 올리기 전 많이 망설였고 고민했다. 사람들이 한복을 입고 여행하는 나를 이상하게 여길까봐 그랬다. 그동안 사람들은 나를 한복집을 운영하거나 한복을 만드는 사람, 아니면 한국무용가로 오해했다. 하지만 나는 특별한 목적 없이 그저 한복이 좋아서 입고 다니는 사람일 뿐이었다. 이런 나를 어떻게 받아들일지 궁금했다. 비난 댓글이 많이 달리면 재빨리 글을 지울 준비를 하고 글을 업로드 했다.

그런데 놀라운 일이 벌어졌다. 내 글이 순식간에 조회수 37,967번, 추천 800개를 기록한 것이다. 사람들의 반응은 기대 이상이었다. 그들은 한복을 입고 여행하는 모습이 아름답다며 한복을 어디에서 구입할 수 있는지 궁금해 했다. 남성들도 많은 관심을 보였다. 한복을 입고 여행하는 상상을 해왔다는 분도 있었고, 한복차림으로 졸업사진을 찍고 싶다는 분도 있었다. 한복이 스타일리시하다는 칭찬 글도 달렸다.

사람들의 반응을 보며 나는 꽤 많은 사람들이 한복을 입고 싶어 한다는 것을 깨달았다. '한국 사람들은 왜 한복에 관심이 없을까?'라는 선입견이 뒤집어지는 순간이었다. 한국 사람의 마음속에는 한복에 대한 그리움이 남

아 있었던 것이다.

사람들의 질문에 열심히 답을 달다가 문득 생각했다. 내가 할 수 있는 일이 더 있지 않을까 하고. 결국 나는 오래 전 만들어 놓았던 블로그에 로그인했다. 지금껏 다른 사람들의 글을 스크랩해두는 창고로만 사용했던 이곳을 소통의 창구로 이용하기로 결심했다. 한복에 관심을 갖게 된 계기와 실제로 한복을 맞춰 입으며 알게 됐던 소소한 정보들을 공유하고 싶었다. 그렇게 블로그에는 하나 둘 한복과 관련된 글들이 업로드 됐고, 사람들의 방문도 점점 많아졌다. 사람들과의 소통 속에서 한복에 대한 나의 자부심과 애정도 더욱 커져만 갔다.

# 2장 네팔

## 한복, 히말라야 안나푸르나에 오르다

ABC
THIS WAY

TREKKING

DISTANCE

## 8불짜리 지도

일찌감치 짐을 싸 공항에 도착했다. 네팔 카트만두공항에서 국내선을 타고 포카라로 넘어가는 비행기 시간이 오전 8시 15분이었으므로 서둘러야 했다. 한국의 버스터미널보다 훨씬 작은 공항에 사람들이 몰려들었다. 티켓을 받아들고 출발 비행기를 기다리는데 아무런 기별이 없다. 나는 항공기 편명과 시간을 적은 화면만 멀뚱히 쳐다보았다.

지도가 필요할 것 같아 가게가 있는지 살펴봤다. 구멍가게 같은 느낌의 만물상 앞에 지도가 전시되어 있었다. 매직으로 '8달러'라고 적어 놓은 종이가 걸려 있었다. 생각보다 비쌌지만 군말 없이 8달러를 꺼내 점원에게 건넸다. 뚱한 표정의 네팔 아저씨가 기계적으로 물었다.

"ABC(안나푸르나베이스캠프)?"

"Yes, please."

게임을 시작할 때 지도의 유무가 진행에 큰 도움을 주는 것처럼, 미리 올라갈 길목을 하나하나 살펴보고 있으려니 벌써 지정된 퀘스트를 모두 해결한 기분이었다.

비행기 출발시간은 어느덧 30분이나 지연됐다. 아시안이고 서양인이고 할 것 없이 창구에 매달려 비행기가 언제 출발하느냐고 묻는 진풍경이 펼쳐졌다. 나는 자리에 앉아 사람들의 지루한 표정을 구경했다. 몇몇 사람들이 내가 입은 옷을 힐끔힐끔 쳐다봤다.

오늘의 패션은 면저고리에 코랄색 면치마, 속바지, 등산화 차림이다. 치마의 봉긋한 형태가 매우 중요했으므로 속치마도 챙겨 입었다. 여기에 챙 넓은 검정 모자까지 쓰고 나니 상당히 우스꽝스러운 모습이었다. 네팔에

오기 전부터 어떤 한복을 입어야 할까 고민했지만 답은 나오지 않았다. 그도 그럴 것이 한복 입고 히말라야를 오른 사람이 있어야 말이지. 겉에도 입을 수 있는 바지를 속바지처럼 입고, 이동에 문제가 없도록 짧은 치마를 입었지만, 아무래도 문제는 속치마인 것 같았다.

이런저런 생각을 하고 있을 때 드디어 게이트가 열렸다. 힌두 문화권의 국가들이 그렇듯 남자와 여자가 이용하는 통로가 따로 마련돼 있었다. 나는 'Lady'라고 적힌 통로를 통과했다. 우여곡절 끝에 비행기에 탑승했다. 드디어 출발이다.

## 네팔 1급 여행가이드 쌍두

카트만두에서 포카라로 넘어가는 데 걸린 비행시간은 불과 25분. 포카라 공항은 아주 작았다. 비행기에서 내리자마자 잘 정돈된 식물들과 키 작은 나무들이 나를 반겼다. 이름 모를 노란 꽃들도 피어 있었다. 작은 경비행기들이 없었다면 이곳을 공원이라고 해도 믿었을 것이다.

나는 어디서 짐을 찾아야 하는지 둘러보다가 'We are Sherpa'라는 광고판을 발견했다. 셰르파(히말라야의 고산 가이드. 네팔 산악지대에 거주하는 등반 도우미). 가슴이 두근거렸다. 언젠가 히말라야와 에베레스트에 오른 산악인들의 험난한 여정을 다룬 다큐멘터리를 본 적이 있었다. 셰르파들은 일정 중에 길잡이 역할과 함께 짐이나 무거운 도구들을 운반하는 중요한 역할을 했다. 여기서 나도 셰르파를 만나 함께 안나푸르나에 오를 것이다. 어떤 사람일까? 몇 살일까? 여자일까, 남자일까? 나와 성격이 잘 맞을까? 가슴이 설레었다.

짐 찾는 곳을 애써 찾을 필요가 없었다. 대기소에 들어가자마자 특이한 전통 모자에 노란 형광색 조끼를 입은 직원들이 짐을 꺼내 여행자들에게 나눠주고 있었다. 그런데 사람 키만 한 짐이 바닥을 드러낼 때까지 내 캐리어와 가방은 보이지 않았다. 마침 한 무더기의 짐들이 수레에 담겨 들어오고 있었다. 나는 '저기에 내 짐이 없으면 어쩌지?'라는 상상을 하며 기다렸다.

"여기서 짐을 찾으시면 돼요."

같은 비행기에 탔던 남자가 한국어로 말했다. 비행기 좌석에 편하게 기대 있었는지 머리 한쪽이 조금 눌린 모습이었다. 처음에는 한국인인가 싶

었다. 까만 등산복 상의와 등산화를 입고 커다란 파란색 배낭을 멘 그는 한국인 여행객이라고 보기에는 긴장감이 전혀 없었고, 현지인이라고 생각하기에는 한국어가 아주 유창했다. 알고 보니 그는 네팔인이었고, 이름은 쌍두였다. 히말라야 트레킹을 하며 알게 된 사실이지만 쌍두는 네팔 1급 여행가이드로 활약하고 있었고, 한국어와 네팔어가 매우 유창해 다른 포터들 사이에서도 이름이 알려져 있었다.

## 과연 한복 입고 트레킹이 가능할까?

4,130미터를 오르는 ABC 트레킹의 본격적인 첫 번째 길목은 시와이(Siwai)였다. 지프차로 한참을 달려 도착한 이곳은 자동차로 오를 수 있는 마지막 기점이었다. 지프차량 운전자에게 손을 흔들어 작별을 고하고 잠시 뒤를 돌아보았다. 나, 살아서 이곳 땅을 다시 밟을 수 있을까? 심호흡을 하고 스틱을 움켜잡았다.

오늘 내가 입은 한복은 흰색 장저고리에 종아리까지 내려오는 짧은 길이의 코랄색 면치마. 시원한 재질로 만들어 겉 바지로도 입을 수 있는 얇은 소색바지는 발목까지 내려왔다. 끝단을 등산양말 속에 집었더니 한복바지처럼 보였다. 생각 같아서는 꽃신이나 흑혜(조선시대 사대부가 남자들이 신었던 신발로, 검정 신)를 신고 싶었지만, 안전을 위해 중등산화를 택했다. 현지인들은 슬리퍼나 조리를 신고 하루에도 몇 번씩 산을 오르락내리락 한다. 하지만 초보인 나에게는 안전이 가장 중요했다. 트레킹을 시작한 지 얼마 되지 않아 땀이 송골송골 맺혔다. 기능성 셔츠는 아니었지만 면 재질의 한복을 입은 덕분에 땀이 흘러도 걱정 없었다.

나의 포터이자 가이드인 디펜드라(이하 디)의 뒤를 따랐다. 앳된 얼굴의 디는 지친 기색도 없이 성큼성큼 날래게 산을 올랐다. 산을 넘기도 전에 나는 슬슬 걱정되었다. 아침에 국내선을 타고 이동하는 바람에 이미 해가 중천에 떠 있을 때 트레킹을 시작했다. 이러다 일정이 늦춰지는 건 아닐까?

"보통 아침 일찍 일정을 시작해서 이른 오후에 트레킹을 끝내요."

"그래요? 오늘 우리 시작이 많이 늦었나요?"

"아니요, 금방 갈 수 있어요. 그리 힘든 코스가 아니거든요. 걱정 말아요."

디의 말을 듣고 나서야 마음이 놓였다.

"궁금한 게 있어요. 오늘의 코스는 상, 중, 하 중에서 어디에 속하나요?"

"하. 쉬운 코스예요. 파이팅!"

좋았어! 쉽다고 하니 쉬엄쉬엄 오르면 되겠지. 호기롭게 발걸음을 옮겨 보았다. 지구력 하면 나니까! 고등학생 때까지 내가 가장 좋아하던 체육은 오래달리기였다. 어른이 되어서도 종종 마라톤에 참가하곤 했다. 어렴풋이 트레킹도 오래달리기와 비슷할 거라 생각하며 씩씩하게 앞으로 걸어 나갔다.

태양이 이글이글 타올랐다. 다행히 챙 넓은 모자가 햇빛을 차단해 주었다. 걱정과 달리 한복은 아직 불편하지 않았다. 사실 걷다보면 내가 한복을 입었는지조차 모를 정도로 무아지경에 빠지고 만다. 속바지를 입은 덕분에 돌길을 성큼성큼 걸어 올랐다. 그런데 속치마가 자꾸만 걸리적거렸다. 한복여행을 하면서 속치마를 입는 이유는 오로지 사진 때문이었다. 치마를 봉긋하게 잡아주기 때문에 한복 본연의 매력을 살릴 수 있는 거다. 그런데 산을 오를수록 하나 둘 귀찮아졌다. 등산을 하는데 그깟 사진이 무슨 소용이랴! 내일은 벗어던지고 말 테다!

## 들어는 보았나? 손으로 먹는 음식, 달밧

평탄한 땅, 돌길, 숲길을 고루고루 걷다 보니 벌써 한 시간이 지났다. 그런데도 힘이 쏙 빠져버렸다. 점심을 먹으러 도착한 롯지(네팔 산중의 휴게소이자 숙소)에서 나는 혼이 나가 넋을 놓고 있었다.

"미루, 달밧 어때요?"

디는 나에게 점심으로 달밧을 추천했다. 달밧은 네팔의 전통음식으로, 산중 음식 중 가장 연료를 덜 들이고 만드는 음식이라 했다. 노란색 커리와 튀긴 난, 밥과 소스가 함께 나오는 달밧은 솔직히 내 스타일은 아니었다. 오히려 맛보다 달밧을 먹는 디의 모습에 눈길이 갔다. 디는 손으로 달밧을 먹고 있었다.

"오오! 디, 손으로 먹네요?"

"네. 전통적인 방식이에요."

"책에서만 봤는데, 정말 신기해요!"

그런 나에게 뭔가를 더 보여줘야 한다고 생각했는지 디는 밥을 커리에 찍어먹다가, 소스에 찍어먹다가 했다.

"나도 그렇게 먹어 볼래요!"

그제야 입맛이 돌았다. 나는 팔을 걷어 부치고 자세를 취했다. 내 손이 밥을 향해 다가가는 순간, 디가 나를 만류했다.

"미루, 손부터 씻고 와요."

앗! 깜빡했다! 순간 내 짭짤한 손맛 때문에 음식이 더 맛있지 않을까 하는 생각이 들었다. 엉뚱한 생각에 손을 씻는 내내 실실 웃음이 났다.

## 나만 아는 모자 끈의 출처

즐거운 점심시간이 금방 지났다. 디의 꽁무니를 따라 발걸음을 부지런히 옮겼다. 저고리에 슬슬 땀이 차오르기 시작했다. 히말라야 트레킹을 시작한 지 겨우 두 시간 만에 현실을 뼈저리게 느끼고 있었다. 중간 중간 랜드마크처럼 보이는 다리가 있었다. 이 다리만 건너면 목적지에 다다를 거라 최면을 걸어봤지만 그냥 흔한 다리 중의 하나일 뿐이었다.

아무리 생각해도 챙 넓은 모자를 챙겨온 것은 탁월한 선택이었다. 사실 처음에는 한복과 어울리는 갓을 써볼까 고민했다. 하지만 갓의 특성상 갓머리가 눌리면 회생 불가능에다, 부피가 커서 들고 다니기가 쉽지 않을 것 같았다. 가장 중요한 것은 구멍 사이로 빛이 그대로 들어온다는 점이었다.

결국 갓을 포기하고 '플로피 햇'을 골랐다. 햇빛을 충분히 가려줄 만큼 챙이 넓었지만 문제가 하나 있었다. 바로 끈이 없어서 바람이 불면 날아가기 딱 좋다는 점이었다. 신축성 있는 끈을 찾아 몇날며칠 집안을 뒤지던 나는 마침 딱 맞는 것을 발견했다. 바로 브래지어! 나는 브래지어의 어깨끈을 잘라 모자 끈으로 이어 붙였다. 역시 예상대로 신축성이 있어 얼굴에 딱 고정됐다. 여행 중, 내 모자를 본 사람들은 많았지만 누구도 모자 끈의 출처가 브래지어라는 것을 아는 이는 없었다. 나는 그들의 모습을 보며 혼자 음흉하게 웃었다.

## 미루의 걸음은 할머니 같아요

이번 여행의 가장 큰 복병은 한복이 아닌 저질 체력이었다. 안나푸르나 트레킹을 떠나기 전 누군가가 나에게 평소에 운동을 많이 했냐고 물었다.

"아니. 숨쉬기도 운동이라면 하긴 했지."

용감하게 이렇게 대답하던 나였다. 틈틈이 10km 마라톤대회에 참석하곤 했는데, 올해는 여행 준비를 하느라 그마저 신청도 못했다. 내가 안나푸르나를 우습게 여겼었나 보다. 많은 이들이 도전하는 곳이어서 할 만할 거라 여겼다. 그런데 갈수록 호흡은 가빠오지, 갈 길은 멀지. 커다란 짐을 지고 오르는 디에게 무안할 정도로 헉헉대는 내 자신이 애처로웠다.

"디, 얼마 남았어요?"

"10분 정도?"

우리의 대화는 이게 전부였다. 짧은 대화를 나누고 나면 긴 걸음이 시작됐다. 새소리, 물소리, 풀잎 스치는 소리에 귀 기울이고 싶었지만 적응하기에도 바빴다. 이럴 줄 알았으면 등산동호회에 가입해 산이라도 부지런히 오를 걸!

"이제 다 왔어요?"

"좀만 더 가요."

"5분만 쉬면 안 될까요?"

"안 돼요. 10분 더 가요! 위쪽 경치가 더 좋아요."

"정말이죠?"

그래, 조금만 더… 하면서 발걸음을 꾹꾹 누르며 걷다가 뒤늦게 깨달았다. 디의 시간과 나의 시간은 다르구나. 디의 걸음으로 10분이면 나에게는

30~40분 걸리는 길이라는 걸. 챙 넓은 까만 모자에 코랄빛 치마를 휘날리며 혼자 중얼거리는 나를 보고 디가 해죽 웃는다.

"미루의 걸음은 할머니 같아요."

"뭐라고요?"

약이 잔뜩 올랐다.

"할머니요. 할머니."

내가 반격할 말을 찾아 우물거리고 있자 디는 나를 피해 훌쩍 위로 올라가버렸다. 아니야! 아니라고! 나는 스틱을 휘두르며 디를 향해 뛰었다. 어디서 그런 힘이 나왔는지 모르겠다.

## 더러움을 얼마나 견딜 수 있을까

첫날, 서너 시간의 짧은 일정을 마치고 뉴브릿지 롯지(트레킹 중 숙소 역할을 하는 산장 같은 곳. 식사도 제공한다)에 도착했다. 지정된 방에 들어가 짐들을 아무렇게나 던져놓고 잠시 휴식을 취했다. 기운을 차린 나는 롯지를 한 바퀴 돌며 이국적인 풍경에 푹 빠졌다. 산사람인 롯지 아저씨와 기념사진을 찍기도 했다.

누군가가 이런 나를 본다면 이렇게 물었을 것이다. 빨리 들어가서 씻고 쉬지 왜 그러고 있냐고 말이다. 하지만 이것은 고산적응을 위한 첫 번째 순서였다. 고도 1,340미터인 이곳에서부터 슬슬 산중 적응훈련을 시작한 것이다. 롯지의 대장님께서는 고산병 예방을 위해서 세 가지 수칙을 지켜야 한다고 조언해 주셨다.

"바로 씻지 말고, 머리 따뜻하게 하고, 천천히 가라."

물이 몸에 닿으면 혈관이 수축하기 때문에 가급적 씻지 말라는 것이다. 고도가 높아질수록 산소가 희박해져 혈액공급이 늦춰지기 때문에 고산증이 온다고 했다. 뒤통수를 따뜻하게 하고, 하루에 600미터 이상을 오르지 말라고 했다. 그래서 나는 오늘 말고 내일 씻기로 결심했다. 열심히 산을 오르며 땀에 흠뻑 젖은 면저고리는 어느새 뽀송뽀송하게 말라있었다. 습도가 낮아서 전혀 찝찝하지 않았다. 할렐루야! 한국 날씨도 이와 같다면 씻기 귀찮아하는 나 같은 사람은 365일 물을 몸에 대지 않았을 것이다. 고산병 예방을 위해 씻지 않겠다는 결심은 이 순간 핑곗거리가 된 것 같았다. 나는 고양이세수만 한 채 침대에 누워 허리를 쭉 펴보았다. 더러움을 얼마나 견

딜지가 이번 여행의 숙제인 것 같았다. 히말라야 안나푸르나 트레킹은 그야말로 '더러움과의 전쟁'이었다.

저 멀리 설산이 보였다. 지금 내가 있는 곳은 푸른 풀들과 나무들이 가득한데 저곳은 눈에 쌓여 있다니, 정말 신기했다. 푸른 산과 설산이 겹쳐 있는 모습은 포토샵 레이어 같아 보였다. 며칠 후면 나도 저곳에 오를 수 있어, 한복을 입고!

## 너도 맨발이네?

시누아 롯지에서 만난 세바스티앙은 중국에서 영어를 가르치고 있다며, 중국인 여자 친구인 얀나와 함께 여행을 왔다고 했다. 세바스티앙은 맨발로 롯지 주변을 걷고 있는 나를 보고 '쟤도 맨발이네.'라고 생각했다고 한다. 내가 맨발로 다녔던 이유는 따로 슬리퍼를 챙기지 않아서였다. 포카라에서 처음 출발했던 날, 디에게 짐을 부탁하다가 깜박하고 챙기지 않았다.

시와이에는 두 군데의 숙소가 있는데, 트레커들은 위쪽에서 머물고 포터들은 아래쪽에서 지낸다. 그는 위쪽 숙소에서 나를 내려다 본 것이다. 내가 짐낀 하늘을 본다고 고개를 들었을 때, 세바스티앙은 다른 그룹 포터들과 맥주를 마시고 있었다. 눈이 마주쳐서 싱긋 웃고 고개를 돌렸다. 그 후 계단을 오르다 다시 만났다. 세바스티앙은 편한 셔츠와 반바지를 입고 있었지만, 얀나는 범상치 않은 고무줄 바지를 뽐내고 있었다. 먼저 말을 건넨 쪽은 나였다.

"그거 전통의상이야? 그 파란 바지 말이야."

"아니야, 그냥 입은 거야. 너야말로 옷이 특이하네."

우리는 서로의 독특한 차림새를 보며 웃었다. 셋 다 맨발이라 동질감을 느꼈는지도 모른다. 포카라에서 출발한 날짜는 나보다 앞서 있었다. 두 사람은 좀 더 천천히 산을 느끼고 싶다고 했다. 나도 충분히 시간을 두고 여기까지 걸어 올라왔다면 더 많은 모습들을 눈에 담을 수 있었을까. 지금껏 나는 '앞에 길이 있으니 빨리 해치우자!'라는 생각에 허겁지겁 여유 없이 산을 올랐다. 나는 그들에게 산을 오르는 게 이렇게나 힘든 것인지 몰랐다며 내일 출발할지 말지는 좀 더 생각해봐야겠다고 너스레를 떨었다.

"우리 다 같이 여기서 더 머무는 것도 좋은 생각인 것 같아."

얀나의 말을 들으며 나는 발가락을 꼼지락거렸다.

'아무래도 슬리퍼를 놓고 오길 잘했어.'

맨발로 다닌 덕분에 새로운 즐거움을 알게 되었다. 나는 호기심을 이기지 못하고 자리에서 벌떡 일어났다. 짐을 지고 계단을 오르는 나귀나 야크 같은 동물들의 발자취를 따라 맨발로 걸어보고 싶었다.

커다란 바위 옆 흙바닥의 평평한 면을 손과 엉덩이로 짚으며 발을 살금살금 옮겨보았다. 자칫하면 절벽 아래로 굴러 떨어질 것 같았다. 촉촉한 흙을 발가락으로 느끼며 바닥에 내딛었다. 앉아있을 때 보이지 않았던 산봉우리들이 이제야 한눈에 들어왔다. 어디선가 바람이 살랑 불어왔다. 한복 고름과 짧은 치맛자락이 낮게 흔들렸다. 저 멀리 겹겹의 산들이 보였다. 푸른 이파리의 나무들로 빼곡한 녹색 산들이었다.

아무렇게나 입어도 괜찮은 면 한복과 맨발은 아주 잘 어울렸다. 무명저고리에 구김이 갔지만 하나도 신경 쓰이지 않았다. 갑자기 한복에게 고마운 마음이 들었다. 여행을 준비하며 치마를 동대문에서 천을 구입하여 직

접 디자인해 맡긴 옷인데, 옷감이 부족한 나머지 자락이 겨우 오른쪽 엉덩이 아래에서 멈추고 말았다. 그 과정들을 생각하니 '네가 내 옷이 되려고 애 많이 썼구나.' 하는 생각이 절로 들었다. 편하게 막 입으려고 만든 한복이 제 역할을 아주 잘해주고 있었다. 나의 맨발과 함께.

세바스티앙과 얀나, 여행자들과 위쪽 식당에서 노을을 지켜보았다. 개나리색의 해가 점점 다홍색으로 붉어지며 산자락 근처에 떨어졌다. 세바스티앙과 나는 이 순간을 카메라로 담으려고 열심히 셔터를 눌러댔다. 눈으로만 담아두기엔 아까운 장면이었다. 일 년, 이 년 후에도 지금의 생생한 감동을 그대로 간직하고 싶었다.

## 패딩점퍼 대신 누비저고리를 입고

이튿날 씩씩하게 다시 길을 떠났다. 커다란 돌길을 넘고 넘어 3,200미터에 있는 데우랄리(Deurali)에 도착하자 기온이 갑자기 떨어졌다. 면저고리가 땀에 절어 있어 서둘러 옷을 갈아입지 않으면 감기에 걸릴 것 같았다. 방금 전까지 땀범벅이 되어 산을 올랐는데, 갑작스러운 기온차로 온몸이 싸늘하게 식어 내렸다.

옷을 벗자마자 금세 땀이 식었다. 산에 오르면 100미터당 기온이 1도씩 떨어진다는 말을 들었는데, 닭살이 돋고나서야 실감이 났다. 내복 위에 면저고리 하나, 그 위에 면저고리 하나 더, 또 폴라폴리스 집업 재킷을 입고 누빔 저고리를 하나 더 겹쳐 입었다. 아래는 긴 타이즈에 기모 치마 타이즈를 겹쳐 입고 누빔 양단치마를 둘렀다.

WEL COME TO
NEW PANORAMA
GUEST HOUSE & RESTAURANT

몸이 해결되니 이번에는 머리가 문제였다. 여행길에 구입했던 야크 털모자를 꺼냈다가 까슬까슬한 촉감에 내려놓고 말았다. 대신 조바위를 꺼내 썼다. 조바위는 정수리 부분이 뚫려 있지만 끝 부분이 밍크 털로 트리밍되어 있고, 귀와 이마를 감싸줘 방한에 효과적이었다.

디와 함께 진저티(생강차)를 마시며 도착의 기쁨을 나누는데, 날씨가 점점 안 좋아졌다. 걱정스런 내 얼굴을 본 디가 이곳에서는 흔히 볼 수 있는 변덕스러운 날씨라며 안심시켜 주었다. 하지만 곧 굵은 빗방울이 슬레이트 지붕에 후두둑 떨어지기 시작했다. 순식간에 하얀 안개가 바람과 함께 몰려들며 사방을 에워쌌다. 조금 전까지만 해도 선명했던 돌과 풀, 산들이 거짓말처럼 사라지고 말았다.

## 히말라야에 온 이유는 저마다 다르지만

고산증이 걱정돼 속옷 두 겹에다 저고리 세 겹, 폴라폴리스 재킷에 누빔 덧저고리까지 껴입었다. 여기에다 기모 타이즈를 두 겹 입고 한복 누빔치마를 둘러 입으니 담요라도 하나 걸친 듯 든든했다. 밍크 털을 두른 까만색 조바위를 푹 눌러쓰고 방 밖을 나섰다.

밖에는 폭우가 내리고 있었지만 롯지의 모든 트레커들은 다이닝룸에 모여 이야기를 나누고 있었다. 어두컴컴한 실내에 촛불이 일렁거렸다. 그곳에 한복을 입은 내가 등장하자 사람들의 눈길이 한꺼번에 내게로 쏠렸다. 한국인으로 보이는 가족이 커다란 테이블 안쪽에 앉아 있었다.

"한국분이세요?"

"네. 이런 데서 보니까 정말 반갑네요."

"그런데 어쩐 일로 이렇게 한복을 곱게 입으셨어요. 안 추우세요?"

"한복 입고 히말라야 오르기 도전 중이에요. 솜이 두둑이 들어가 있어서 춥지는 않아요."

처음 보는 사람들이지만 낯선 곳에서는 작은 공통점마저 크게 느껴지는 법이다. 아버지, 어머니, 아들 세 식구의 히말라야 원정 이야기가 궁금했다.

"아들이 곧 고3이에요. 그 전에 가족과 추억을 쌓고 싶어서 왔어요."

어떤 사람은 산이 좋아서, 어떤 사람은 자신과의 싸움에서 이기고 싶어서 산을 찾는다. 이 가족은 추억을 쌓으려고 왔고, 나는 한복의 진가를 깨닫기 위해 여기까지 왔다. 각자 다른 이유로 시작했지만 히말라야 중턱 세찬 비가 내리는 어두컴컴한 나무 판잣집 아래 한데 모였다. 한국에서만 살았다면 전혀 만나지 못했을 사람들과 오래 알고 지낸 사이처럼 속 얘기를 술술 풀어놓았다.

## 먹고 죽은 귀신은 때깔도 곱다

나의 저녁은 언제나 풍요로웠다. 몸을 혹사시키는 만큼 많이 먹어야 한다는 신념을 가지고 있다. 어딜 가든 음식 때문에 고생해 본 적 없는 나였다. 더군다나 해발 3,000미터 지점인 이곳! 완전히 깊은 산중에서 제공되는 메뉴는 생각보다 다양했다. 음료만 해도 뜨거운 차, 차가운 차, 술, 홍차, 밀

크티, 진저티에 탄산음료 등등 셀 수 없을 만큼 다양했다. 음식은 또 어떻고! 스프, 빵, 토스트, 달걀, 시리얼, 밥, 면, 피자, 마카로니, 스파게티, 샐러드, 포테이토…. 한데 모아두면 진수성찬이 따로 없다. 세트 메뉴가 750루피로 우리 돈 8,000원 꼴이니 비싸지도 않다. 자기의 몸보다 열 배는 큰 짐을 지고 오르는 포터들의 노고로 이렇게 맛있는 밥을 먹는구나 생각하니 코끝이 찡해졌다. 나는 겨우 간단한 짐만 지고 올라오는 것도 이렇게 죽을 둥 살 둥한데 말이다.

## 히말라야 산속 모자 파티

저녁식사를 마친 트레커들은 다이닝룸의 흔들리는 촛불 아래 옹기종기 모였다. 가장 인기 좋은 차는 고산병 예방에 좋다고 알려진 생강차였다. 나를 포함한 대부분의 트레커들이 생강차를 마시며 이야기꽃을 피웠다.

한국인들과 이야기를 나누고 있으려니까 옆에 있는 서양 친구 둘이 나를 힐끔거렸다. 시선이 느껴져 고개를 돌렸다가 눈이 마주쳤다. 소리는 내지 않고 입술로 'Why?'라고 묻자 웃음이 빵 터졌다.

"너 쓰고 있는 모자 신기하다."

"한번 써 볼래?"

호주에서 왔다는 카리나는 내 제안에 털실로 짠 헤어밴드를 냉큼 벗어 던졌다. 조바위를 카리나의 머리에 씌워주자 휴대폰을 꺼내 자신의 모습을 연신 확인했다.

"어때? 신기하지? 한국 전통 모자야."

"너도 내 밴드 써봐. 우리 같이 사진 찍어보자!"

카리나는 자신의 것을 내게 내밀었다. 검정색, 흰색 털실로 짠 헤어밴드는 정수리가 뻥 뚫려서 추울 것 같았지만 이마와 뒷목을 따뜻하게 감싸주었다. 의외로 머리가 따뜻해서 기분이 좋아졌다.

"모자를 좀 더 강조해서 찍어봐."

카리나는 친구에게 여러 가지 주문을 했다. 친구는 카리나의 주문대로 이리저리 찍어주다가 갑자기 내 옆으로 휙 끼어들었다.

"나도 같이 찍을래."

다이닝룸은 갑자기 축제 장소로 바뀌었다. 다들 씻지 못해 번들거리는 얼굴이었지만 밍크 털이 복슬복슬한 조바위는 이상하리만큼 잘 어울렸다. 마치 이 순간을 위해 존재하는 모자처럼!

우리의 모습을 폴란드에서 온 어머니와 아들이 웃으며 지켜봤다. 아들 오머(Omer)는 어머니를 보필하며 여기까지 올라왔다. 오머의 어머니는 데우랄리에 도착한 이후 약간의 몸살기가 있다고 했다. 그래도 힘을 내기 위해 식사도 하고 차도 드셨단다. 나는 어머니에게 슬며시 다가가 오머 같은 사람을 한국에서 '효자'라고 부른다면서 너스레를 떨었다.

"어머니도 한국 모자 한번 써 보실래요?"

오머의 어머니는 껄껄 웃으시더니 조바위를 한 번에 눌러 쓰셨다. 역시 지켜보고 계셨구나! 그 후, 쓰고 있던 파란 털실 모자를 내게 건넸다. 그것은 우리가 아는 두건이나 모자와는 조금 달랐다. 머리를 넣은 후 나머지 끈으로 목을 칭칭 감는 방식이었다. 어떻게 사용해야 할지 몰라 헤매고 있으니까 직접 매만져주었다.

"오머, 사진 좀 찍어줄래?"

휴대폰에 특별한 순간이 차곡차곡 담겼다. 노란색 저고리에 파란색 모자라니. 소매의 거들지가 붉은색이었으니 이건 뭐 색의 삼원색을 다 갖춘 복장이었다.

"이름이 뭐예요?"

"미루예요."

"미루, 우리 아들이랑도 한 장 찍어 봐요."

내 옆에 뻘쭘하게 앉아있던 오머가 갑자기 웃음을 터뜨렸다.

"오머, 모자 써볼래?"

"아냐, 난 안 맞을 것 같은데."

"잘 생각했어. 이건 여자 모자거든."

오머에게 즉석으로 양반다리를 어떻게 하는지 알려준 뒤 나는 한쪽 무릎을 세워 두 손을 올렸다.

"오머, 네 자세는 한국 양반들이 앉는 자세야. 넌 한국의 로얄 패밀리라고!"

"로알 패밀리라고? 난 돈이 없는데."

"괜찮아. 그냥 돈 많은 사람 같은 표정을 지어봐."

오머는 마냥 싱글벙글이었다. 어두운 실내에서 몇 번인가 핸드폰의 플래시가 터졌다. 난데없이 히말라야 산속 롯지에서 문화교류를 하게 된 것이다. 추운 데우랄리에서 모자를 돌려쓰는 것만으로 따뜻한 마음을 나눌 수 있다니 참으로 신기한 경험이었다.

## 슬리퍼 차림으로 빗속을 뚫고

줄기차게 쏟아지는 비 때문에 다음날 일정에 차질이 생겼다. 이곳에 도착해서 만난 한국인 가족들은 고어텍스 재질의 신발과 옷을 준비했기에 새벽같이 채비를 서둘렀다.

"우리는 오늘 출발해요. 미루 씨는요?"

나는 대답을 망설일 수밖에 없었다. 면 한복차림이어서 출발을 해야 할지 말아야 할지 판단이 안 섰다. 장대비 속에 트레킹을 시작했다가는 1분 만에 온몸이 젖어버릴 터였다. 다른 것은 몰라도 발이 찝찝할 거라 생각하니 끔찍했다.

나무판자와 슬레이트 지붕을 두드려대는 빗소리를 들으며 오늘의 일정을 걱정하는 사이, 디가 다가왔다. 금방 일어났는지 그는 졸린 눈이었다.

"디, 여기에서 우산이나 비옷을 구입할 수 있을까요?"

"혹시 모르니 아래쪽에 있는 롯지에서 물어보고 올게요."

"비가 많이 오는데 바위 타고 내려가는 건 위험하지 않아요?"

"그래도 다녀올게요."

디는 얇은 회색 재킷과 남색 츄리닝 바지에 슬리퍼 차림이었다. 경사진 내리막길을 슬리퍼를 신고 맨몸으로 다녀오겠다고? 말리려고 손을 뻗었지만 디는 어느새 쏟아지는 빗속으로 뛰어든 뒤였다. 나보다 작은 몸집의 디는 비와 함께 자욱한 안개 속으로 사라져버렸다.

주위에 우뚝 솟은 산들이 전혀 보이지 않아 내가 있는 롯지가 바다 한가운데 서 있는 무인도처럼 느껴졌다. 다음 코스로 떠나는 사람들을 배웅하고 있을 때 있으나마나한 우산을 들고 바위를 올라오는 사람이 보였다. 디의 얼굴이 둥실 떠오르고 나서야 마음이 놓였다.

"아무래도 오늘은 출발하기 어렵겠죠?"

내 말에 디가 나를 위로했다.

"괜찮아요. 내일은 올라갈 수 있을 거예요."

## 미루는 예쁩니다

이왕 이렇게 된 거 그냥 맘 편히 놀자 싶었다. 롯지의 다이닝룸은 ABC를 찍고 내려온 사람, 올라갔다가 도중에 내려온 사람, 나처럼 비 때문에 머무르고 있는 사람들로 금세 시끌시끌해졌다. 아침을 먹은 후 식곤증이 몰려와 멍하니 앉아 있는데 디가 무언가를 열심히 하고 있는 모습이 들어왔다. 디는 한국인 트레커들을 더 많이 만나기 위해 한국어 공부를 하고 있었다. 디의 한국어 책에는 손때가 가득했다. 그 옛날 내가 영어공부를 하며 발음을 한국어로 일일이 적어놓았던 것처럼 디도 한국어 위에 영어로 표시를

해 놓았다. '안녕'이라는 글자 위에 영어로 'annyeong'이라고 적는 식이었다. 그것을 보고는 '사람 사는 모습은 다 똑같네.' 하는 생각이 들어 웃음이 나왔다.

"디는 한국어 공부를 참 열심히 하네요."

"내가 일하고 있는 곳에서는 영어뿐 아니라 한국어를 잘하면 보수를 더 많이 받을 수 있어요."

"그럼 내가 한국어 가르쳐 줄 테니 디는 나에게 영어를 가르쳐 줘요."

"좋아요! 그럼 지금부터 해볼까요? 뭐부터 하면 돼요?"

"자, 따라 해봐요. 미루는 예쁩니다!"

"어…."

디는 갑자기 정색하는 표정으로 나를 놀렸다. 순순히 따라했으면 잘생겼다고 덕담을 해 주었을 거라 말하자 디는 또박또박 한 글자씩 적어 내려갔다.

'미루는… 예쁩니다. 얼굴보다 옷이….'

우리는 킬킬대며 농담을 주고받았다. 깊은 산중에서는 이렇게 쓸데없는 이야기도 즐거운 법이다.

## 글로벌 놀자판

디의 포터 친구가 우리를 부르더니 트럼프카드를 꺼냈다. 데우랄리 롯지 대장님에게 특별히 빌려온 것이라고 으스대는 모습이 귀여웠다. 얼마나 많은 사람들의 손을 거쳤는지 포커는 그림도 흐리고 살짝 냄새도 나는 듯했다. 하지만 지금 이 순간 우리의 소중한 놀이도구였다. 때마침 비를 피해 롯지에 들어온 사람들도 자연스럽게 합석했다. 영어를 전혀 못하는 스페인 아저씨도 함께였다.

우리는 스페인어를 모르고, 그분은 영어를 모르는 상황에서 서로 수신호와 몸짓을 통해 의사소통을 나눴다. 신기하게도 바디랭귀지는 만인의 공용어인지 표정과 몸짓을 보니 무슨 말을 하는지 알 수 있었다. 그는 안나푸르나베이스캠프까지 가려고 했지만 악천후가 계속되어 끝까지 오르지 못했다고 했다. 눈비가 많이 내려서 도중에 돌아 내려올 수밖에 없었다며 축축한 웃옷을 벗어 한쪽 구석에 밀어 놓았다. 롯지 바닥에는 천장에서 새는 빗물을 받으려고 대야와 양철통이 놓여 있었다. 다이닝룸 벽 쪽에 깔려있는 얇은 매트는 이미 비가 스며들어 축축해져 있었다. 나는 아저씨에게 난로가 있는 쪽에 옷을 펼쳐 놓으라고 말씀드렸다.

말이 거의 통하지 않았는데도 아저씨는 우리에게 스페인식 카드게임을 가르쳐 주었다. 처음 경험하는 카드의 세계. 원카드, 포커와 스페인식 카드게임. 바벨탑의 장벽이 와르르 무너지는 순간이었다. 비오는 날, 촛불이 희미하게 빛나는 네팔 히말라야 롯지 안에서 글로벌 놀자판이 무르익었다.

## 때때로, 엄마

데우랄리 널찍한 다이닝룸은 사람들로 가득했다. 보통 오전 10시가 되면 사람들이 떠나 한산한데 오늘은 롯지가 비에 젖은 사람들로 꽉 차 있었다. 사람들의 말을 들어보니 ABC 쪽은 폭설과 산사태로 난리가 났다고 한다. 트레킹을 시작하면서 세상과 단절된 나는 지금 네팔에 어떤 일이 벌어지고 있는지 몰랐다.

"디, 지금 무슨 일이 일어나고 있는 거예요?"

"위쪽에 폭설이 내려서 난리가 났대요. 트레커 몇 명이 사고를 당했나 봐요."

포터들이 포카라 시내 숙소에 연락을 해서 알게 된 소식이었다. 지금 하산하고 있는 사람들의 대부분은 그야말로 위험을 피해 내려온 것이었다.

급격한 날씨의 변화 때문에 생명의 위협을 느끼고 포기한 트레커들도 있었다. 그 정신없는 와중에 눈에 띄는 사람이 있었다. 바로 한국인 대학생 수미였다.

"어제 ABC에 도착했는데 눈이 너무 많이 와서 아무것도 못 보고 왔어요."

손을 호호 불면서 롯지 다이닝룸에 들어서는 수미의 하얀 패딩과 신발이 흠뻑 젖어 있었다. 그야말로 비에 젖은 생쥐 꼴이었다.

"그래? 하루만 더 기다려보지 그랬어."

"돌아갈 비행기 날짜 때문에…. 안개 탓에 앞이 보이지 않아서 그냥 내려왔어요."

나는 수미의 장갑과 신발을 받아 난로 옆에 올리고, 수건과 휴지를 가져다주었다. 하얗고 작은 손은 매우 차가웠다. 내가 한참 주물러도 크게 나아지지 않았다.

"언니는 한복을 입으셨네요?"

수미는 그제야 내가 입고 있는 옷이 눈에 들어온 모양이었다.

"어때? 입고 내려갈래? 이래봬도 솜 누비옷이라 아주 따뜻해."

땡땡 얼어있던 수미의 얼굴에 웃음이 번졌다.

"그렇게 소중한 것을 줘도 되는 거예요?"

수미가 가볍게 내 어깨를 쳤다. 진저티 한 잔을 손에 들고 있는 수미는 나에게 그 누구보다 대단해 보였다. 내가 가보지 못한 곳을 다녀온 수미가 그렇게 부러울 수가 없었다. 수미가 하루 정도 롯지에 머무른다면 정상에 올라갔던 이야기도 듣고 싶었다.

"오늘은 여기서 자고 가. 옷도 갈아입고. 감기 걸려."

"저도 그러고 싶은데…. 비행기 시간 때문에 내려가야 돼요."

장갑과 신발이 채 마르기도 전에 수미는 자리에서 일어섰다. 저쪽에서 수미의 포터가 배낭을 추켜세우며 걸어오는 모습이 보였다. 50대 중후반의 깡마른 아저씨였다. 디보다 더 까만 피부에 눈자위가 하얬다. 그는 자기 몸만 한 배낭을 메고는 장갑을 수미 손에 끼워 주었다. 나는 아쉬운 마음에 수미의 패딩 점퍼 위에 목도리를 감아주었다.

"우리 포터는 아빠 같고, 언니는 엄마 같네요."

"하루만 머물다 가면 좋을 텐데…."

나는 못내 아쉬웠다.

"조심히 잘 내려가. 한국에서 만나."

"언니도 남은 트레킹 잘 하세요!"

너덜거리는 우의를 다시 입고 빗속으로 사라지는 수미의 뒷모습을 보면서 나는 행운의 여신이 수미와 함께하길 기도했다.

## 축하해줘, 내 생일이야

갑자기 눈앞이 깜깜해졌다. 또 블랙아웃이다. 네팔 산중에서는 유난히 정전이 잦다. 게다가 이렇게 기상 상태가 안 좋은 날에는 언제 전력이 다시 이어질지 알 수 없는 노릇이었다. 다이닝룸에 모여 있던 트레커들이 낮게 웅성거렸다. 깜깜한 채로 오늘 밤을 지새워야 하는지, 내일 출발할 수는 있을지…. 모두들 걱정하고 있었다. 그래도 혼자가 아니어서 다행이라는 생각이 들었다.

진저티를 마시던 나는 조금 불안해졌다. 오늘 하루야 이렇게 롯지 안에서 지낸다지만 내일은 어떻게든 출발을 해야 ABC까지 오를 수 있다. 하루를 허비했기에 내일 일정은 아주 많이 힘들 것이다. 이런저런 걱정을 하자 갑자기 머리가 지끈거렸다. 때마침 롯지의 대장님이 양초를 들고 와서 넓은 테이블 한가운데에 불을 붙여주었다. 번들거리는 얼굴들과 초췌한 모습들이 하나 둘 떠올랐다.

"히야, 양초 파티네. 어디 누가 맥주 좀 가져와 봐."

누군가가 경쾌하게 외치는 바람에 사람들의 얼굴에 미소가 번졌다. 하지만 다들 알고 있었다. 3,000미터에 해당하는 이 지점부터는 고산병 예방에 각별히 조심해야 하므로 알코올은 절대 금물이라는 걸. 기다렸다는 듯 나는 자리에서 벌떡 일어나 마시고 있던 생강차 컵을 머리 위로 들면서 소리쳤다.

"맥주 대신 축하해줘요! 내일이 내 생일이거든요!"

사람들의 시선이 모두 나에게로 와 박혔다. 누가 먼저랄 것도 없이 마시던 컵을 공중에 치켜들며 화답했다.

"축하해!"

"축하해, 미루!"

어제 함께 밤을 보냈던 몇 명의 트레커는 내 이름을 기억하고 있었다. 내가 입고 있던 황금빛 덧저고리는 누가 봐도 한눈에 기억할 수 있는 의상이었으니 그럴 만도 했다. 오머는 양초를 가리키며 '이건 네 생일 초야.' 라고 입 모양으로 말해주었다.

"아, 행복하다!"

컵을 탁자에 내려놓으면서 나도 모르게 중얼

거렸다.

"진짜 미루 생일이에요?"

"네. 내일 ABC에 오르면, 난 올해 생일을 정상에서 맞는 거예요!"

커다란 디의 눈이 더욱 커졌다.

"정말이구나. 축하해요!"

"고마워요! 이 축복의 기운 그대로 내일 비가 그쳤으면 좋겠어요."

나의 걱정에 디는 싱긋 웃었다.

"괜찮아요. 내일은 비가 그칠 거예요."

어제도 그렇게 말했잖아, 라는 말을 하려다가 입을 닫았다. 뭐 어때. 지금이 순간만큼은 무조건 긍정적인 것도 나쁘지 않았다. 우리는 컵에 생강차를 가득 따랐다. 설탕도 세 스푼이나 넣었다.

## 드디어 비가 그쳤어!

밤새도록 슬레이트 천정 위로 떨어지는 굵은 빗소리에 잠을 이루지 못했다. 불안한 마음은 둘째 치고, 자꾸만 심장이 크게 뛰었다. 고산증이 시작된 것 같았다. 얼마나 잤을까. 갑자기 빗소리가 들리지 않아 눈을 번쩍 떴다.

용수철처럼 튀어 올라 문을 열어 보니 하늘이 파랬다. 몽글몽글 흰 구름이 떠 있고, 신선한 산 공기가 코끝을 스쳤다.

"아싸!"

콧노래를 부르며 짐을 쌌다. 이제 갈 수 있다! 떠날 수 있다! 비가 그쳤어!

"똑똑."

문을 두드리는 소리에 나가보니 디였다. 나는 디를 와락 끌어안았다.

"디! 비가 그쳤어요!"

당황해하는 디의 손을 잡고 한 바퀴 춤까지 추었다. 살짝 열린 문틈으로 데우랄리에서 기르는 새끼염소가 "히잉" 소리를 내며 들어왔다. 어젯밤 다이닝룸에 있던 녀석이었다. 복슬복슬한 털에 한쪽 귀와 얼굴에는 먹물가면을 썼다. 온몸에 물기를 가득 머금고 있는 녀석은 밖보다는 안이 따뜻한 것을 알고 있었다. 나는 폭신폭신한 녀석을 안고 문밖에 내려다 놓았다.

"염소야, 난 이제 출발한다!"

염소는 땅에 발이 닿자마자 줄행랑을 쳤다. 비가 그쳤을 뿐인데 염소의 짧은 꼬리마저 사랑스러웠다. 세상이 모두 아름다워 보였다. 엊그제 입고 나가려 했던 면저고리를 꺼내 두 팔을 끼웠다. 속고름과 고름을 꽉 묶었다. 상체에 딱 맞게 옷매무새를 정리하고 나니 새로운 에너지로 가득 찬 것 같았다. 가슴이 두근두근했다.

## 갈릭스프 속으로 눈물방울이 뚝뚝

3,700미터쯤이었다. 이도저도 다 귀찮아서 퍼질러 누워버리고 싶었다. 이곳에 오기까지의 여정이 떠올랐다. 한국에서 네팔로 넘어오는 불편한 이코노미 좌석에서의 7시간, 국내선을 타고 포카라로 날아오며 설레고 두근거렸던 마음, 지프를 타고 울퉁불퉁한 길을 흙먼지 날리며 달렸던 장면도. 차 옆문을 잡고 SUV 차바퀴 위를 발로 지탱해 이동하던 신기한 네팔 꼬마도.

'나는 지금 여기서 왜 이러고 있나.'

네팔 여행을 선택한 것은 즉흥적인 일이었다. 비행기 티켓도 딱 두 달 전에 끊었다. 백화점에서 등산화를 구입하면서도 이렇게 혼잣말했다.

"내가 설마 히말라야를 가겠어?"

그런데 지금 나는 히말라야 안나푸르나베이스캠프 딱 400미터 전이다.

3,200미터부터 머리가 조금씩 아파왔다. 어젯밤까지 머물렀던 데우랄리에서 편히 잠을 자고 일어났다. 하지만 지금은 머리가 찌르듯 아프고 속도 조금씩 울렁거렸다. 누군가 내장에 추를 달아놓은 것 같았다. 추의 무게가 점점 무거워지고 있었다. 데우랄리를 출발할 때 보였던 메마른 땅이나 잔디는 어느 순간부터 보이지 않았다. 면저고리는 땀에 흠뻑 젖어버린 지 오래다. 나는 좀비가 되어 뾰족뾰족한 설산에 둘러싸여 앞선 사람들이 만들어 놓은 눈길을 한 걸음 한 걸음 걷고 있었다. 아이젠을 끼웠지만 자꾸 발이 미끄러졌다. 다리에 힘이 풀리고 엉덩이가 무거웠다. 스틱은 내 손에서 휘휘 흔들렸다. 한참 뒤에서 걷고 있던 트레커가 어느새 나를 지나쳐 멀찍이 앞서 걸었다. 오전까지만 해도 쌩쌩했던 나를 걱정스럽게 보고 있던 디가 물을 권했다.

"몸이 안 좋아요? 여기 물 좀 마셔 봐요."

"속이 너무 답답하고, 토할 것 같아요."

디는 좁은 얼음 길 구석 바위에 쌓인 눈을 손으로 털어냈다. 그곳에 앉은 나는 바지가 젖는 것을 알면서도 일어나고 싶지 않았다. 그냥 이대로 데굴데굴 굴러서 아래로 내려갔으면 싶었다. 왜 여기서 이렇게 생고생을 하고 있는지 내 자신이 원망스러웠다. 누군가에게 실컷 욕이라도 날려버리고 싶었다.

그동안 수많은 고비를 만났지만 '앞으로 걷자.'고 결정한 것은 나 자신이었다. 이곳에 오기로 생각하고 모든 일정을 계획한 것도 나였다. 숨이 차고, 머리가 으스러질 것 같은 두통도 모두 내 책임이었다. 내가 판단하고 내가 내린 결론이니까, 내가 감당해야지. 이렇게 생각하니 누구도 탓할 수 없었다.

시간이 얼마나 지난 건지 알 수 없었다. 스틱을 다시 꽁꽁 부여잡았다. 내 의지가 아니라 파도에 쓸려 가는 것처럼 피상적으로 다리를 움직였다. '내가 여기 왜 왔지?'를 끊임없이 질문하면서.

기다시피 천천히, 조금씩 이동하다보니 간신히 안나푸르나 생추어리 표지판까지 다다랐다. 하지만 나는 알고 있었다. 여기서 또 한참을 가야 한다는 것을.

"다 왔어요. 힘내요, 미루!"

어렸을 때 "다 왔어. 다 왔어. 이제 금방이야."라는 어머니의 말을 믿었다가 실망했던 것처럼, 나는 디에게서도 같은 기분을 느꼈다. 하지만 지금은 다 왔다는 그 말을 정말 믿고 싶었다.

디가 비틀거리는 나를 안나푸르나 롯지의 식당으로 이끌었다. 드디어 앉는구나. 의자다. 머리가 팽팽 돌고 속이 답답했다. 눈앞이 갑자기 흐려지

더니 하얀색 고름이 풀려있는 저고리 섶 위로 눈물이 펑펑 쏟아졌다. 진짜 도착해 버렸어. 이렇게 와 버렸네. 드디어 도착했네. 그 고생을 하고. 바보 같아. 그래도 다행히 왔네.

한복을 입고 히말라야를 오르겠다는 계획을 말했을 때, 사람들은 나에게 미쳤다고 불가능할 거라고 말했다. 쓸데없이 왜 그런 짓을 하냐며 비난하는 이들도 있었다. 그럴수록 오기가 생겼다. 못 할 거라는 사람들에게 뭔가를 보여주고 싶었다. 하지만 고통의 벽은 나를 무력하게 했다. 사람들 말처럼 정말 무모한 도전을 했구나 싶었다. 그럼에도 불구하고 한복을 입고 여기까지 올라온 내가 뿌듯하고 자랑스러웠다.

"내가 해냈어요. 디!"

디는 말없이 갈릭스프를 내 앞으로 밀어주었다.

그토록 지겨웠던 음식이 오늘은 달라보였다. 풀어진 고름을 다시 졸라매고는 스프를 떠먹었다. 뚝뚝 눈물방울이 스프 속으로 떨어지고 있었다.

어제의 바람대로 나는 오늘 안나푸르나에서 생일을 맞았다. 그리고 평생 잊을 수 없는 일몰을 보았다. 여전히 속은 울렁거렸지만 하늘과 설산 위로 번져가던 주홍빛은 축복처럼 나를 물들이고 있었다.

## 오렌지 환타 신봉자

막바지로 갈수록 수월해지는 마라톤처럼 안나푸르나 등반도 하산길이 훨씬 수월했다. 하지만 눈이 녹아내리는 지점은 매우 위험했다. 다행히 디의 재빠른 몸놀림 덕분에 미리 조심하여 넘어지지 않았다. 우리는 금세 2,252미터에 있는 '도반'에 도착했다. 흰색 면으로 만든 장저고리는 이번 네팔 트레킹에 아주 좋은 친구가 되어 주었다. 아무리 땀을 많이 흘려도 바람을 맞으면 금방 말랐다. 한복 바지 밑단처럼 발목을 고정시켜준 등산양말도 벗어서 휘휘 흔들었다. 치마 속 속바지를 탈탈 털고 다시 옷매무새를 다듬어 보았다. 허리를 쭈욱 펴고 스트레칭도 했다.

환타 중에서도 오렌지 환타는 내가 제일 좋아하는 음료수다. 맑은 주황색을 보는 것만으로도 행복해진다. 트레킹을 하는 동안 자의 반 타의 반으로 생강차와 마늘스프를 물마시듯 마셨지만, 정작 환타는 마시지 못했다. 이제는 하산 중이니 고산병 걱정을 하지 않아도 된다는 생각에 자꾸만 환타가 떠올랐다. 나는 가방 속에 넣어둔 지갑을 꺼내 꼬깃꼬깃한 260루피를 세어 롯지의 주인장에게 내밀었다.

"환타 하나 주세요! 오렌지로요!"

높은 지역일수록 음식이나 음료 값이 비싸다. 그래도 괜찮아. 난 마실 자격이 있어! 맛있는 음식일수록 나누어 먹어야 더 맛있는 법. 한 캔을 디와 함께 나눠 마셨다. '쏴르륵' 기포소리를 느끼며 환타를 벌컥벌컥 삼키자니 그간의 고산병과 고통이 한순간에 씻겨 내려가는 느낌이었다.

## 든든한 나의 셰르파, 디

술을 마시지 않았는데도 소주 한 짝 정도 마신 것 같은 고산병을 딛고 하산하는 날이 왔다. 단출하게 면 한복치마 속바지에 등산양말을 올려 신고 등산화 끈을 잔뜩 졸라맸다. 올라갈 때에는 할머니 같았는데 내려갈 때에는 어린 소녀 같다는 디의 농담에 "훗" 하고 웃을 수 있는 여유가 생겼다.

나의 네팔 ABC 트레킹의 셰르파, 디. 그의 첫인상은 왜소한 체격에 보기 좋게 그을린 피부, 눈빛이 초롱초롱 빛나는 청년이었다.

"왜 이 일을 해요? 힘들지 않아요?"

"여기선 많은 친구들이 이 일을 해요. 딱히 다른 할 일이 없거든요."

처음 만났을 때 디는 나의 무례한 질문에 이렇게 답했다. 디는 나를 단순한 고객으로 보지 않았다. 어려운 오르막을 만났을 때 먼저 올라가 기다려 준 것도, 이끼가 끼어 미끄러운 돌 위에서 절벽으로 떨어질 뻔한 나를 잡아 준 것도 디였다.

갖은 유머로 말장난을 하는 대신 그는 항상 묵묵히 앞서 걸었다. 끝이 없는 촘롱의 비뚤비뚤한 계단을 오를 때에도, 소와 나귀들의 똥을 피하면서 내가 여기서 왜 이러고 있나 생각할 때에도, 이제까지의 내 삶을 반추하며 반성의 시간을 가질 때에도 디는 내 이정표가 되어 주었다.

우리는 이틀 만에 내려와야 할 거리를 하루 안에 후딱 해치웠다. 촘롱 롯지의 위쪽에 머물렀을 때, 이미 해는 붉게 물들어 있었다. 고맙게도 대만 청년이 나를 위해 샤워실을 양보해주었다. 다시 밖으로 나왔을 때는 추위가 조금씩 옷 사이를 파고들었다. 안나푸르나베이스캠프에서 고산증으로 고생한 후유증 때문인지 밥이 넘어가지 않았다. 내가 좋아하는 야크치즈

샌드위치를 주문하고서도 샐러드만 깨작거렸을 뿐 결국 다 남기고 말았다. 내 식탁 옆에서 서양 사람들이 '레썸삐리리' 노래에 맞춰 네팔 전통 춤을 신나게 추는데도 나는 그들과 섞이지 못했다.

우리가 안나푸르나베이스캠프에 도착한 날, 디는 내 생일이라는 것을 잊지 않고 테이블에 손톱만한 양초를 켜 두었다. 디가 나를 위해 준비한 선물이었다. 정말 감동이었다. 디는 내가 한 말을 모두 기억하고 있었던 거다. 거센 비바람과 폭우로 전등이 꺼졌다 켜졌다를 반복했던 그 깜깜한 밤, 트레커들이 데우랄리 롯지에 함께 모여 불안함을 나누던 밤, 나는 사람들이 축 처져 있는 것 같아 일부러 "내일이 내 생일이다! 나를 축하해줘!"라고 큰소리로 말했다. 그들은 특이한 전통의상을 입은 나에게 박수를 치며 축하해 주었다. 생애 처음으로 생판 모르는 다양한 국적의 사람들과 태어난 날을 기념하게 된 것이다. 그리고 진짜 내 생일에는 디가 함께 있었다. 그 사실이 무척 행복하고 든든했다.

## 저 하늘의 별빛처럼

식사를 마치고 밖으로 나가니 디가 하늘을 올려다보면서 식당 앞에 앉아 있었다. 혼자 앉아있는 디를 보니 나 혼자 들어가 쉬는 것은 인정머리 없는 일 같았다. 나는 한복 치맛자락을 곱게 접어 디 옆에 앉았다.

"디는 대학생이죠? 무슨 과예요?"

"저는 수학과를 다녀요. 근데 별로 재미가 없어요."

그런 점에서 한국의 대학생들과 비슷했다. 적성에 따라 학과를 선택하는 것이 아닌 수능 점수에 맞춰 학교와 과를 선택하는 경우가 상당히 많으니까.

"그럼 졸업하고 무슨 일을 하고 싶어요?"

"글쎄…. 사업 같은 걸 하고 싶어요. 여행이랑 관련 있는 거요."

사울리 바자르 출신(네팔의 산간지역)인 디는 고생해서 번 돈을 집에 생활비로 가져다주고 있다고 했다.

"미루가 입고 있는 옷을 처음 봤을 때 굉장히 신기했어요. 매력 있어요."

"그래요? 자세히 말해 봐요!"

"네팔에서는 볼 수 없는 모양 같은 거? 독특해요. 무슨 미션 같은 거예요?"

"나만의 프로젝트예요."

그렇게 디에게 내가 안나푸르나까지 오게 된 이유를 설명해주었다. 나는 한복 모티브의 등산복이 출시되길 꿈꾸는 사람이었다. 실제로 한복이 일상복뿐만 아니라 기능성을 가진 옷으로 쓰일 수 있게 된다면 얼마나 신기할까? 그러려면 누군가가 먼저 산행을 통해 가능성을 확인해 봐야겠지. 그래! 내가 가야겠다. 그런 엉뚱한 생각으로 시작된 여행이었다.

갑자기 블랙아웃이 되었고, 여기저기서 양초가 하나 둘씩 켜졌다. 디와 나는 까만 하늘을 올려다보았다.

"가끔 저 하늘에 있는 별들이 부러울 때가 있어요. 쟤네들은 그냥 반짝반짝 빛나기만 하면 되잖아요. 참 편하게 산다. 하하."

어둠을 뚫고 내가 먼저 말을 꺼냈다.

"맞아요. 하지만 별들도 수명이 있고 역할이 있으니까 우리의 생각과는 다를 거예요. 내 일도 막 힘들기만 한 것은 아니거든요."

디도 말을 거들었다. 디와 함께 올려다 본 히말라야 산중의 하늘은 매우 깜깜했고 어두웠다. 그래서 더욱 별들이 잘 보였다. 별들은 누가 뭐래도 자기 깜냥에 맞추어 열심히 빛을 발하고 있었다. 별을 쳐다보고 바라보는 많은 사람들이 저마다 다른 얘기를 하고 다른 해석을 하지만 별들은 그냥 최선을 다해 빛을 내고 있을 뿐이었다. 마찬가지로 나도 한복을 즐겁게 입고 누리면 그뿐, 그 어떤 의미부여도 중요하지 않다는 생각을 했다.

## 실종자 명단에 올라가다

하산할 때는 주위를 둘러볼 여유가 생겼다. 흔히 만날 수 있는 동물들이지만 마지막이라고 생각하니 마음이 찡했다. 길가에 수없이 흩뿌려진 동물의 분변도 익숙해졌다. 없으면 허전한 기분이 들 정도로.

"이건 뭐예요? 맥주 만드는 그 홉인가?"

"아닐 걸요? 이 지역에서만 나는 특별한 농산물이에요. 저도 잘은 모르지만."

"혹시, 쌀? 오오, 여기가 사회책에서 배웠던 계단식 농법을 활용하는 곳이구나!"

"아무래도 산이 가파르니까요, 그냥 널찍하진 않으니 저렇게 농사를 짓는 거죠."

롯지에서는 야크나 당나귀 같은 동물들도 어렵지 않게 만날 수 있었다. 한 농가에서는 태어난 지 얼마 안 된 야크 새끼를 반려동물이나 다름없이 사랑해주고 있는 형제를 만나기도 했다.

휴식 시간, 디는 소속되어 있는 업체에 현재 위치와 남은 일정, 계획들을 보고하려고 휴대폰을 들여다보고 있었다. 나는 휴대폰의 전원을 꺼둔 지 오래였다. 트레킹 동안 휴대폰 등의 통신기기는 그야말로 짐이었다. 충전할 수 있는 어댑터가 거의 없어서 어렵게 부탁해야만 카메라 한 대를 간신히 충전할 수 있었다. 그러니 휴대폰은 알람을 맞출 때 말고는 전원을 끈 채 가방에 넣어 다녔다.

"미루에게 온 전화예요."

디가 불쑥 휴대폰을 나에게 건넸다.

"나한테요?"

전화 속에서는 누군가 다급한 목소리로 나를 찾고 있었다.

"안녕하세요. 대한민국 네팔 영사관입니다. 권미루 씨 되시죠?"

"네. 맞아요."

"현재 네팔 실종자 명단에 올라와 계십니다."

"네에? 왜요?"

그렇다. 나는 한국 현지 방송사에서 실종자로 표기된 상태였다. 좀 더 정확히 말하자면 국제 실종자로 분류된 것이다. 그도 그럴 것이 최근 며칠 동안 안나푸르나베이스캠프에서는 엄청난 폭설이, 그 아래 지방에서는 많은 비가 내리고 있었다. 평소라면 네팔의 10월 날씨는 구름 한 점 없이 맑지만 기상이변으로 인해 자연재해가 발생한 것이다. 10월 13일부터 인도양에서 발생한 사이클론 허드허드(Hudhud)가 네팔까지 영향을 미쳤고, 네팔 사상 가장 이른 10월에 집중폭설과 폭우를 뿌린 현장에 내가 있었던 것이다. 안나푸르나, 다울라기리 등의 지역에서는 산사태 등으로 41명의 사상자가, 200여명의 부상자가 발생하여 연일 매체들이 다투어 사건사고를 보도했다는 것을 오늘에야 알게 되었다.

가족들은 나와 연락이 닿지 않자 서둘러 외교부에 실종자 신고를 했고, 내가 예약한 현지 숙소와 히말라야 안나푸르나 등반 허가증에 있는 자료를 통해 연락을 해온 것이다. 나도 모르는 사이에 나는 국제미아가 되어 있었다. 영사관 담당자와의 통화를 끝낸 후 서둘러 어머니께 전화를 드렸다.

"미루야, 걱정 많이 했다. 무사하지?"

"네! 아무렇지도 않아요. 전 멀쩡해요."

갑자기 울컥했다. 만일 여행지에서 무슨 일이 생겼는데 나를 찾는 사람이 하나도 없다면 어떨까? 이렇게 나를 찾아주는 가족들이 있다는 게 정말 감사했다. 내가 무사히 산을 오르내릴 수 있었던 것도 내가 잘나서가 아니었을 것이다. 나의 안전을 위해 늘 기도해준 가족이 있었기에 가능했다는 것을 새삼 깨달았다.

## 가장 힘들었던 마지막 20분

"얼마나 남았어요?"

디는 뒤를 돌아보며 또 그 질문이냐는 표정을 지었다. 여유로운 디와 달리 나는 자꾸 앉고 싶고 쉬고 싶었다. 쉬는 동안 그냥 앉아 있기가 미안해 괜히 신발 끈을 풀었다 묶기를 반복했다. 무릎보호대도 괜히 다시 착용하고, 좀 더 늑장을 부리고 싶으면 양말도 벗었다. 시간은 참 장난꾸러기 같다. 쉬고 있을 때면 훌쩍 흘러가지만, 운동을 하거나 힘든 일을 할 때에는 끝도 없이 늘어져 있다.

바로 앞이 고지인데 몸이 축축 늘어졌다. 문득 '여기서 헬리콥터를 부르면 어떨까.'라는 상상을 해보았다. 3,000미터 이상에서는 고산병 증세가 있는 사람만이 응급 헬리콥터를 부를 수 있다. 비용은 많이 들지만 신속하게 병원으로 이송하기 위한 비상대책인 셈이다. 히말라야 ABC 트레킹의 끝인 4,130미터까지 올랐으면서도 여기 와서 헬리콥터를 부르고 싶은 마음이라니. 내 인내심이 이렇게 약할 줄은 몰랐다. 뭔가 이유를 돌려보려 해도 지금은 열심히 걷는 수밖에 없었다.

"야호!"

트레킹을 시작했던 장소에 도착하자 드디어 집에 갈 수 있다는 생각에 환호성이 나왔다. 나는 발랄한 포즈로 사진을 찍었다. 누렇게 변한 면저고리, 이것저것 묻어 지저분해진 세로선 무늬 한복치마, 땀이 가득 찬 속바지. 대충 눌러쓴 플로피 햇. 얼굴은 기름과 땀으로 범벅이 된 상태였지만 나는 행복했다.

## 산 덕후 크리스티

포카라의 사랑곳에 패러글라이딩을 하러 갔다가 전 직장동료인 크리스티를 만났다. 한국에서 S기업의 연구원으로 일하던 크리스티는 산을 아주 좋아하는 친구였다. 근무지의 산이란 산은 모조리 오르고 싶어 하는 한마디로 '산 덕후'였다. 그는 한국에서도 주말만 되면 언제나 산에 올랐고, 월요일이 되면 팀원들에게 산에 대해 신나게 자랑했다. 그런 크리스티를 이곳에서 만나게 될 줄이야. 미리 약속을 한 것도 아니었다.

"여기서 만나다니! 어떻게 된 거야?"

"산이 좋아 히말라야에 왔다가 눌러 앉았어. 이곳의 삶과 풍경에 푹 빠져 여행사를 차렸다 망했지. 하하. 산이 좋다고 해서 매일 히말라야에 오를 수는 없잖아. 그럼 날마다 보기라도 해야지 싶어서."

세계의 산 덕후라면 일생에 한번쯤은 꼭 방문한다는 포카라에서 크리스티는 패러글라이딩 기수로 생활하고 있었다. 현재 네팔에는 현지인들보다 실력이 좋은 외국인들이 더 많고 대우도 좋다며 크리스티는 목에 힘을 주었다.

나로서는 크리스티의 선택이 잘 이해되지 않았다. 높은 연봉에 복지도 좋은 대기업을 한순간에 그만두고, 아무런 계획 없이 낯선 곳에서 새로운 사업을 한다는 것은 리스크가 큰 무모한 일이었다.

"이거 한복이지? 한국에 있을 때 많이 봤지."

내가 한복을 입고 여행하고 있으며, 안나푸르나도 등정했다는 이야기를 하자 그의 눈이 더욱 빛났다.

문득 크리스티의 자유로움이 특별하게 느껴졌다. 크리스티는 지금, 여기에서 자신이 원하는 것을 하고 있었다. 그것이면 충분했다.

"크리스티, 행복해보여."

"고마워. 너도 그래."

산이 좋아 네팔에 정착한 크리스티는 패러글라이딩 기수로 일하며 산과 함께 살고 있었다. 그리고 한복이 좋아 한복차림으로 안나푸르나에 등정에 성공한 나. 오랜만에 만난 우리 둘은 행복을 향해 나아간다는 공통점을 갖고 있었다.

## 왜 한복 입고 여행하나요?

네팔 포카라 숙소의 사장님은 한국에서 내가 문의 이메일을 보낼 때부터 함께 고민해주신 분이다. 직접 만나 보니 머리카락은 희끗희끗했지만 에너지가 가득한 어른이었다. 숙소는 사장님과 동생분이 함께 운영하고 있었다. 한국인 여행자들을 위해 국내선 비행기 예약이나 가이드 및 포터를 매칭해주고 패러글라이딩 서비스까지 한 번에 해결할 수 있도록 도와주고 계셨다.

카트만두에서 하루를 보낸 뒤, 국내선으로 포카라에 도착해 미리 예약해두었던 차를 타고 이곳에 도착했을 때 나는 흰색 면저고리와 코랄색 짧은 치마를 입고 있었다. 치마 안에는 긴 속바지에 등산용 양말을 길게 올려 신고 까만 등산화를 신은 채였다.

"진짜로 한복 입고 오르시려구요?"

나는 질문의 의도를 충분히 고려한 뒤, 확신에 찬 눈빛으로 고개를 끄덕였다. 정말 이상한 사람이네, 그래도 자기가 선택한 거니 어쩔 수 없지 뭐, 라고 생각하는 것 같았다. 안전과 추위를 대비해 짧은 치마와 겨울용 누비저고리 등 방한에 준비했다는 말까지 굳이 하지 않았다. 나와 함께 오를 포터인 디를 소개해주신 분도 사장님이었다.

6박 7일간의 트레킹을 끝내고 다시 숙소로 돌아와 부서진 스틱을 건네자, 사장님은 내게 조심스럽게 물어보셨다.

"진짜 한복 입고 올라갔다 왔어요?"

"괜찮았어요, 생각보다!"

사장님은 왜 한복을 입고 여행하냐며 그간 궁금했던 것을 한꺼번에 물어

봤다. 내가 한복을 입고 여행하겠다고 할 때 흔한 춘추용 한복을 입을 거란 생각에 걱정했다며, 직접 한복을 본 후 신기했다는 소감도 전해주셨다.

나 역시 내가 한복 입고 여행하게 될 줄은 몰랐다. 워낙 한복을 좋아해서 한복 입기 모임에 나간 게 시작이었다. 저마다 한복에 입문한 계기는 달랐지만, 좋아하는 마음은 모두 같았다. 동지들을 만나 자신감을 얻은 나는 더욱 한복을 사랑하게 됐다. 그렇게 한복은 내 몸에 가장 잘 어울리는 옷이 됐다.

사장님께 한복을 입고 여행하는 이유를 구구절절 설명하지 않았다. "괜찮았어요, 생각보다."라는 한마디면 내 마음을 아실 것 같았다. "어떻게 네팔에서 이런 숙소를 차릴 생각을 하셨어요?"라고 사장님께 물었을 때, 사장님도 비슷한 답을 주셨기 때문이다.

"괜찮더라구요, 생각보다."

## 한복여행자의 보따리 속에는 뭐가 들었나?

"한복 입고 트레킹을 한다고? 위험해서 안 될 거야."

히말라야 트레킹을 준비하면서 많은 사람들에게 들었던 말이다. 이해한다. 많은 사람들이 한복을 예식장에서 입는 예복으로만 생각하니까. 그들 머릿속에는 한복을 입고 트레킹을 한다는 것 자체가 연상되지 않는 것이다.

하지만 나에게 한복은 트레킹 하는 데 아무런 문제가 되지 않았다. 이미 나는 국내에서 걷기대회, 플래시몹 등의 활동과 여행을 통해 한복과 친해져 있었다. 문제는 한복의 기능성이었다. 트레킹 할 때는 땀을 빨리 건조시키는 특수 옷감의 옷을 입어야 한다는 말에 그런 기능을 가진 한복을 만들어볼까 고민했지만, '여밈'이 있는 한복 특성상 그리 유용할 것 같지 않았다. 또, 형태가 너무 흐늘흐늘해지면 예쁘지도 않을 것 같았다. 그래서 선택한 것이 순면저고리와 짧은 면치마였다. 땀 흡수도 잘 되고 걸을 때 불편하지도 않을 테니까 이 정도면 충분할 것 같았다.

포카라 행 비행기를 타기 전에 수없이 캐리어를 열었다 닫았다 했다. 속옷 빼고는 언제나처럼 한복뿐인지라 모 아니면 도다. 많은 히말라야 트레

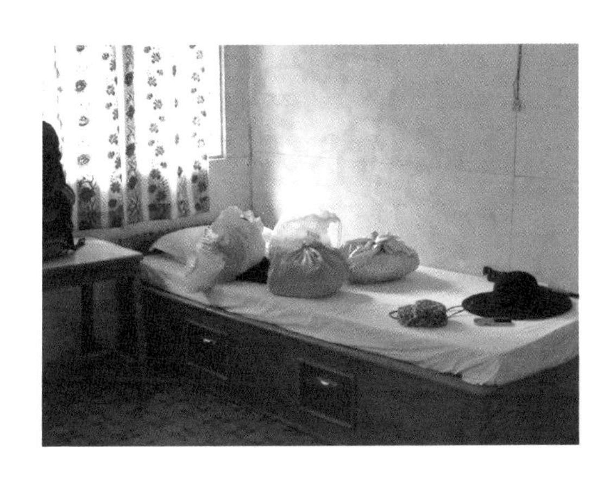

키들이 그렇듯 4계절 옷이 모두 필요했다. 여름저고리에서 겨울저고리, 치마까지 모두 한두 벌씩 챙겼다. 아무리 껴입어도 티가 안 나는 한복의 크나큰 장점을 방패삼아 등산 바지와 폴라폴리스 재질의 얇은 재킷은 맨 마지막에야 구겨 넣었다. 더우면 한 겹만 입고, 추우면 챙겨간 것 다 겹쳐 입으면 되지 뭐. 아주 단순하게 생각하기로 했다. 실제로 트레킹을 하는 동안 가장 힘들었던 것은 나의 저질체력이지 옷이 아니었다.

트레킹 첫날, 숙소에 머물렀을 때 침대 위에 가장 먼저 꺼내 올려두었던 것은 한복 보따리였다. 여름 저고리에는 한낮기온 32도를 육박했던 북촌 한옥마을의 추억이 담겨있다. 모처럼 서울에 숙소를 잡고 공방이란 공방은 모두 들쑤시면서 난생 처음 제대로 된 한국 전통문화체험을 하러 다녔다.

"이 더운 날 왜 한복을 입고 다닌대?"

"뭐하는 사람이래?"

한복차림으로 뜨거운 거리를 쏘다니는 나를 사람들은 안쓰럽게 바라봤다. 모든 사람들에게 일일이 말하지는 못했지만 여름에도 한복은 꽤 입을 만했다. 바람에 살랑이는 한복 치맛자락과 햇빛에 비쳐 투명하게 속치마를 비치는 아련함은 '아, 이 맛에 한복 입는구나.'라고 느끼기에 충분했다. 한 중국인 여행객은 내 한복을 보고 어디서 대여를 했냐고 물어왔고, 공방에서는 한국인이 맞느냐며 묻기도 했다. 한복만 입었을 뿐인데 나를 보는 사람들의 시선은 늘 새로웠다.

춘추용 저고리와 치마가 든 보따리에는 어머니와 함께 했던 전주 여행의 추억이 담겼다. 꽤 쌀쌀한 바람이 불었던 그 해 9월 평일의 전주 한옥마을은 여행객들이 거의 없었기 때문에 어머니와 함께 원하는 곳을 수월하게 구경할 수 있었다. 한옥마을에서 한복은 '살아있는 옷' 같았다. 여행을 하는 동안 어머니는 나의 모습을 바라보는 사람들의 시선을 멀찍이 걸으며 구경하셨다. 그리고 금세 내 옆으로 바짝 붙어 서서 "저 사람, 저 사람이 예쁘다고 했어."라며 소녀처럼 웃기도 하셨다.

겨울용 누비저고리와 패딩 한복치마에는 내가 갈 수 있는 가장 높은 곳인 4,130미터의 안나푸르나베이스캠프의 추억이 담겼다. 내게 있는 가장 따뜻한 덧저고리로 패딩점퍼에 도전장을 내민 것이다. 그리고 이 도전은 나의 승리로 끝났다.

# 3장 스페인

## 철릭원피스를 입고

## 새로운 디자인의 한복을 궁리하다

스페인 여행을 앞두고 나는 고민에 빠졌다. 6월 여행인 만큼 시원한 한복을 챙겨야 했다. 어느 순간부터 여행길에 오르기 전 가장 큰 고민은 '어디에서 자고, 무엇을 먹을까?'가 아닌 '어떤 한복을 입을까?'가 됐다. 한복을 고르고 구상하는 것만으로도 나의 여행은 이미 한 걸음 내디딘 셈이었다.

고민 끝에 나는 나만의 스타일로 된 한복을 준비하기로 했다. 그렇게 세 종류의 한복이 탄생했다.

첫 번째는 직접 디자인한 전통한복이었다. 옷감 구입에서 배색까지 내 손

을 거친 나만의 한복이었다. 치마는 겉감과 안감, 모두 돌려 입을 수 있는 형태였다. 보라색과 청록색은 서로 색이 비치지 않고 양면으로 입을 수 있어 매우 효율적이었다.

두 번째는 동대문을 헤매면서 구입한 면을 바느질방에 맡겨 맞춘 한복이었다. 면을 구입하기 전 나는 학자처럼 치열하게 공부했다. 서적을 뒤져보니 과거에는 여러 겹의 속옷에 한복을 입었다는 기록이 있었다. 요즘에는 적삼의 형태로 만들어진 저고리속옷을 입기는 하지만 대부분 폴리에스테르가 들어간 재질이라 매우 덥거나 공기가 통하지 않았다. 덥지 않으려면 최대한 얇게 입어야 했다. 이제까지 입었던 춘추용 한복과는 다른 접근이 필요했다. 연구 끝에 얻은 결과물이 홑겹 면저고리였다. 땀 흡수에 용이하고 입고 벗기 편하도록 스판 재질의 옷으로 면저고리를 지었다. 입을 때마다 살짝 늘어나며 몸에 붙는 느낌이 꽤 기분 좋았다.

세 번째는 새로운 시도라고 볼 수 있는 철릭원피스와 모시 재질로 만든 허리치마였다. 신발은 예전에 챙겼던 꽃신과 함께 철릭원피스에 어울릴만한 샌들을 택했다. 좋아, 이번에는 전통과 현대의 느낌을 가득 담아 여행의 즐거움을 누려 보는 거야. 한복 협찬을 받은 것도, 뭔가를 광고하러 가는 것도 아니었다. 그야말로 여행의 자유로움이 주는 기분을 충분히 만끽해 볼 수 있다고 생각하니 마음은 이미 스페인에 가 있었다.

## 한복 입고 만나는 호안 미로

까딸루냐 광장에서 시작하는 람블라스 거리는 약 1km에 달하는 긴 산책로였다. 바닥에는 보도블록이 물결모양으로 누워 있었다. 건물 벽면은 올록볼록하고 다양한 모양을 본 뜬 부조들로 가득했다. 이제껏 흔히 보아 왔던 붉은 벽돌의 평평한 벽면과는 다르다. 여기에서 스페인의 대표 작가 호안 미로를 만날 수 있었다.

물결무늬 보도블록을 파도 타듯 넘실넘실 디디고 나면 미로의 붉고, 노랗고 파란 그림들을 만날 수 있다. 미로의 그림을 새긴 타일 바닥이다. 각양각색의 화사한 미로의 동그라미와 직선은, 하얗고 푸른 한복과 곡선으로 휘어진 꽃신을 생각나게 했다. 자석의 S극과 N극처럼 우리는 스페인에서 만나 서로의 색을 끌어당겼다.

누군가 도시에서 한복을 입는 것이 어떤 느낌인가 물었던 적이 있다. 요즘 도심 속 궁에서는 한복을 대여해주기 때문에 한복을 입은 사람들을 흔히 만날 수 있다. 하지만 한 블록 떨어진 종로만 가도 한복 입은 사람은 거의 만날 수 없다. 한복의 물결이 가득한 궁을 떠나 횡단보도를 건너면 타임머신이라도 탄 듯 2017년 현재로 돌아오는 것이다.

회색빛이 가득한 도시에서 한복을 입는 것은 톤 다운된 붉은색 보도블록을 거쳐 미로의 바닥 타일을 만나는 것과 비슷했다. 미로의 작품은 마치 신호등을 보듯 명료한 색감으로 이뤄져 있다. 보도블록 속의 작품은 균일한 직사각형으로 만들어졌다. 그림 속 사람이 찬란하게 빛나는 해를 뒤로하고 내게 말을 건다.

"안녕, 한복소녀. 우린 공통점이 많아 보이는데."

"만나서 반가워요."

한참동안 그림을 내려다보며 대화를 나누었다. 이 순간 꼭 마법에 빠진 소녀가 된 것 같았다.

바닥에 자기 작품을 깔아 놓는다는 것은 작가에게 어떤 의미일까. 일찍이 미술을 전공했던 나는 내 작품이 멋들어진 장소에 걸리길 바랐다. 길바닥에 커다란 사람 얼굴을 그린 적이 있었지만, 그것은 작품이 아니라 항의 차원에서였다. 얼마 지나지 않아 상대편 사람들이 까만 페인트로 그림을 무자비하게 지워버렸다. 그림을 그렸던 우리는 더 많은 사람들이 일그러진 얼굴을 마구 밟아주기를 바랐다. 울분에 찬 그림은 금세 바닥 어딘가로 사라져 버렸다.

이곳을 방문하는 사람들은 미로의 색깔 타일을 밟고, 자기도 모르게 설레는 마음을 느꼈을 것이다. 작품이란, 작가의 의도와 에너지가 그대로 전해지기 마련이니까. 스페인 람블라스 거리를 걷는 사람들에게 꼭 권하고 싶은 것 한 가지. 꼭 호안 미로의 작품 위에 서서 그의 에너지를 느껴보라는 것. 아마 남은 여행이 더욱 활기차고 즐거워질지도 모른다.

## 바람 부는 몬세라트수도원

몬세라트수도원(Santa Maria de Montserrat)으로 올라가는 방법은 여러 가지다. 직접 걸어 올라가는 방법, 산악열차를 타거나 일반 차량을 이용하는 방법. 나는 시간을 절약할 수 있는 케이블카를 선택했다. 압축팩에 넣어 온 모시 허리치마를 꺼내 철릭원피스 위에 둘렀다.

케이블카를 타러 이동하는데 바람이 많이 불었다. 사방은 온통 높은 산과 돌, 거친 나무들뿐이었다. 사정없이 불어대는 바람 속에서 흩날리는 머리를 정리하고 있자니 치마끈이 자꾸 풀어지는 것 같았다. 전통한복차림은 아니어도 한복을 입고 옷매무새가 흐트러지는 것은 끔찍한 일이었다. 혹여나 치마가 허리를 타고 내려와 엉덩이 쪽에 걸쳐지는 것은 아닌지 계속 신경이 쓰였다. 숨을 깊게 내쉬고 양쪽 끈을 단단히 조여 세게 매듭을 지었다.

케이블카를 타고 수도원으로 올라가는 시간은 생각보다 오래 걸렸다. 산등성이를 오르는 문명의 상자가 바람의 장단에 맞춰 이리 흔들 저리 흔들 했다. 케이블카 아래로 울퉁불퉁하고 꾸물꾸물한 가우디의 건축물들이 내려다 보였다. 그가 살았던 시대는 직선과 직선으로 만든 건축물 위에 대리석이나 각종 부자재를 붙여 장식하는 방식이 당연했던 시대였다. 그런데 살아서 꿈틀거릴 것 같은 형식을 파괴한 건물이라니! 시대를 앞선 천재 가우디가 예술적 영감을 받았다는 몬세라트수도원에 왔다는 사실만으로 가슴이 벅찼다.

가장 먼저 보이는 것은 수도원이 아닌 까마득한 산등성이였다. 커다란 구름이 산꼭대기에 걸쳐 있었다. 걷는 내내 치마를 양쪽으로 펼치려 애를 썼다. 모시 허리치마는 특성상 꽤 뻣뻣하다. 압축팩에 넣어 이곳까지 무사히 가져오긴 했지만 다리미로 막 다렸을 때의 풍성함과는 거리가 있었다. 예쁘게 보이려고 입은 치마였으나 아무래도 한국에서의 모양새를 기대하기는 틀린 것 같았다. 구김을 조금이라도 펼 수 있을까 싶어 손으로 치마를 펼치며 사뿐사뿐 걸었다.

수도원을 감싸고 있는 돌산은 어린아이가 찰흙으로 만든 가래떡 같았다. 들쭉날쭉 개성 있게 솟은 이 돌산이 무려 4천만 년 전에 솟아난 것이라니 경외의 마음이 들었다. 이곳은 벽과 기둥 모두 갈색과 베이지색이었다. 대리석인지, 다른 재질인지 알 수는 없지만 황토색의 은은한 느낌이 좋았다.

오랜 시간 줄을 서서 성당 내부의 검은 성모님을 만나고 돌아오는 길에 스테인드글라스와 색색의 양초들을 만났다. 녹색과 붉은색이 교차된 스테인글라스를 보는 순간 한복의 녹의홍상(새색시들이 주로 입는 한복 배색)이 떠올랐다. 서양 사람들은 이 색의 조합을 보고 크리스마스를 떠올리겠지만, 한복 덕후인 나는 이 색으로 저고리와 치마를 지어 입으면 얼마나 멋질까 상상하고 있었다. 컴퓨터 프로그램인 '컬러 피커(Color Picker 웹에 있는 색상을 추출할 수 있는 프로그램)' 같은 것이 존재한다면 당장이라도 스포이드를 꺼내 색상을 추출해보고 싶었다.

## 구엘공원, 가우디와의 대화

바르셀로나는 도시 전체가 가우디의 전시장 같은 느낌이었다. 어제 몬세라트수도원에서 보았던 가래떡 형상을 바르셀로나 곳곳에서 찾을 수 있었다.

오늘은 스판 느낌이 살짝 들어간 면 재질의 저고리에 체크무늬 린넨치마를 입었다. 말기대(가슴가리개)를 착용한 덕분에 저고리 아래로 흰색 말기가 살짝 보이는 것이 마음에 들었다.

자연을 완벽한 구조물이라고 생각했던 가우디가 한복을 직접 보았다면 우리는 어떤 대화를 나누었을까.

"이보세요, 가우디 씨. 한복은 말이지요, 천연에서 색상을 추출한답니다. 그 왜, 있잖아요. 포도를 많이 먹으면 혀가 보라색이 되지요? 앵두나 체리를 많이 먹으면 입술이 붉어져서 립스틱을 바르지 않아도 되는 것처럼 돌과 나무, 흙, 물, 자연의 색상을 그대로 옷감에 옮긴 것이 바로 한복의 색감이에요."

자연의 느낌 그대로 건축물을 만든 가우디라면 분명 내 설명에 관심을 보였을 것이다. 어떻게 천연의 색감을 추출해 염색할 수 있는지 신기해하며 계속 질문을 하지 않았을까? 어쩌면 한복을 한 벌 지어 입고 싶어 할지도 모르겠다. 그러고 보면 자연을 매개로 만들어진 이 세상 많은 작품들과 대상은 그 뜻을 함께 하고 있는 것 같다.

구엘공원에서도 가우디만의 작품세계를 엿볼 수 있었다. 산에서 나은 돌과 흙 등의 부산물을 그대로 살려 예술품을 만들어낸 구엘공원은 그 자체로 거대한 작품이었다. 인공적이지 않고 자연스럽기 때문에 몹시 아름다웠다. 한복 역시 그렇다. 자연에서 색감을 따와 염색한 한복은 너무나 자연스러워서 아름다운 것이다.

구엘공원에서 나는 한복을 입고 가우디를 느꼈다. 웅장한 파티에 드레스를 입고 가듯, 어쩌면 나는 이곳에 가장 어울리는 옷을 입은 것이라 생각했다.

## 속치마를 안 입으면 잡혀 가냐고?

"속치마는 꼭 입어야 되는 거야?"

그녀는 이해할 수 없다는 듯이 한복치마를 살펴보았다. 여행 중에 이렇게 치마를 펄럭이면서 계단을 오르내리는 것이 이해되지 않는 것 같았다.

"설마 안 입으면 불법이라 잡혀가고 그런 것은 아니지? 감옥에 간다거나."

"내가 사는 곳은 북한이 아니야."

터져 나오려는 웃음을 간신히 참고 대답했다. 외국에서 만나는 사람들은 내가 북한에서 왔는지를 궁금해 했다. 한번은 프랑스 친구에게 'North Korea'에서 왔다고 말한 적이 있다. 순간 North와 South를 헷갈린 것이다. 그는 소스라치게 놀라며 어떻게 해외여행을 올 수 있었느냐고 되물었다. 북한의 고위층 자녀가 아니냐는 질문도 쏟아냈다. 그 다음부터는 절대 남쪽과 북쪽을 헷갈리지 않게 됐다.

언젠가는 한국인들도 나에게 '북한에서 왔느냐?'고 물었던 적이 있다. 그 이유는 바로 한복 때문이었다. 북한에서는 한복을 일상복처럼 입지만 남한에서는 이벤트나 행사에서만 입는다. 실제로 한복을 입고 국내여행을 할 때마다 공연을 하러 왔느냐는 질문을 많이 받는다. 우습게도 그럴 때마다 우리의 소원인 통일을 염원하게 된다.

"여행할 때 불편하지는 않아? 부피도 커 보이는데."

"이런 옷만 입고서도 여행을 할 수 있다는 것을 보여주고 싶었어. 이상해 보여?"

그녀가 입고 있는 주홍색 원피스가 한눈에 들어왔다. 다리와 팔이 모두 드러나는 복장이다. 그러고 보니 저런 옷을 입은 지가 벌써 몇 년 전이다.

"응. 매우 이상해 보여."

우리는 이상하다는 말이 나오자마자 동시에 웃음을 터뜨렸다. 그녀는 솔직한 자신의 반응에 대한 수습으로, 나는 예상치 못한 공격을 받은 느낌을 무마하기 위해서였다. 나는 그녀에게 '이런 옷'에도 장단점이 있다고 알려주었다.

"그거 알아? 한복을 입으면 격식 차린 장소에 들어가기 편해. 따로 옷을 챙겨 입지 않아도 되거든."

"아!"

그제야 그녀는 깨달음을 얻은 표정이다.

"언젠가 한국에 가면 한번 입어볼게."

"그래, 한국에 오면."

손을 흔들며 우리는 헤어졌다. 언제 다시 만날지도 모르고 기약도 없다. 이름 혹은 연락처, SNS 주소를 주고받은 것도 아니니까. 서로 열심히 자기만의 인생을 살다가 정말 인연이 닿으면 언젠가 만날 수도 있을 것이다. 혹시 아나? 한복차림으로 마주치게 될지도.

## 물고기를 보려면 물고기와 같은 포즈로

바르셀로나 선착장과 벨 포트가 보이는 식당에서 먹은 빠에야는 정말 맛있었다. 기분 좋게 식사를 하고 나왔더니 하늘에 양털 구름이 떠 있었다.

눈매가 부리부리한 지중해의 갈매기를 보고 '역시 서양 갈매기라 눈매부터 다르네.'라며 감탄하고 있었을 때였다. 바다와 겹쳐진 데크 위에 몸을 쭉 펴서 엎드리고 있던 남자아이를 발견했다. 순간 어른 특유의 걱정거리가 생겨났다. 위험하니 뒤로 물러서라고 말해야 할까. 아니면 빠지지 않도록 조심하라고 주의를 줘야 할까. 아이의 부모님은 어디 있는 것일까? 고민 끝에 아이에게 단순한 질문을 건넸다.

"뭘 보고 있니?"

"물고기요."

아이는 여전히 몸을 바닥에 붙인 채 고개만 돌려 나를 올려다봤다. 깊은 눈매, 짙은 쌍꺼풀과 속눈썹이 매우 매력적이었다.

"물고기가 있다고?"

"여기요. 이렇게 가까이서 보면 물고기가 헤엄치는 게 보여요."

순간 아이처럼 몸을 바닥에 붙여 같이 물고기를 구경할까 하는 생각을 했다. 하지만 한복에게 못할 짓이라는 생각이 들었다. 안 그래도 한국인 여행객들이 많은 이곳에서 적잖은 시선을 받고 있는데, 한복을 입고 누웠다가는 심한 말을 들을지도 몰랐다. 아이처럼 엎드리고 싶은 마음을 간신히 억누르고 최대한 쪼그려 데크 아래를 바라봤다. 그러자 물속에 희미한 무언가가 움직이는 게 느껴졌다. 가만히 보니 물결을 따라 헤엄치고 있는 팔뚝만한 물고기들이었다.

900 100 852

아이는 정말 신나게 물고기들을 관찰하고 있었다. 이런 항구에 물고기들이 떼를 지어 몰려다니는 것이 신기한 걸까? 그것도 아니면 저렇게 커다란 물고기들을 이렇게 가까이서 볼 수 있다는 것이 새로운 일인 것일까?

"물고기를 보려면 물고기와 같은 포즈로 있어야 해요."

배시시 웃는 아이의 이가 하얗게 빛났다. 그 말에 나는 큰 교훈을 얻은 듯 머리가 멍했다.

"그럼 하늘을 쳐다보고 있는 저 하얀 것은 어때?"

나는 벨 항구에 떠 있는 어린아이만한 하얀 부유물을 가리켰다. 양팔을 몸 뒤로 두고 하늘을 향해 고개를 쳐들고 있는 모양새였다. 두 다리는 넓게 벌린 채였다.

"저 아이처럼 하늘을 보면 뭔가 특별한 것이 보일지도 몰라요."

그 말에 나는 하얀 부유물처럼 고개를 번쩍 들어 하늘을 올려다봤다. 얼굴 위로 스페인의 눈부신 햇살이 쏟아져 들어왔다. 벨 항구에는 하늘, 바다, 호텔, 배, 사람 등 많은 것들을 볼 수 있다. 하지만 바닥에 엎드리거나 하늘로 고개를 들어야만 보이는 것들도 있다.

## 타인의 취향, 나의 취향

스페인 알함브라 궁전 천정과 벽면에는 꽃과 나무줄기 모양 장식이 화려했다. 찌는 듯한 더위에 부채를 탁 펼쳤다. 그러고 보니 부채 겉면에 그려진 식물과 나뭇가지의 형상이 궁전 장식 못지않게 고급스럽다.

부채에는 분홍색 매화가 그려져 있었다. 멋들어지게 펼쳐진 부채의 주름 사이로 한 쌍의 참새가 나뭇가지에 앉아있다. 알함브라의 사람들이 여기에 있었다면 이국적인 그림이 그려진 부채를 비싼 값에 구입하려 했을지도 모른다. 보라색의 한복치마와 붉게 물든 댕기도 신기하게 생각했을 것이다.

그러고 보니 알함브라 궁 전체를 감싸고 있는 스투코(건축물의 천장이나 벽면에 덮어 바르는 화장도료)는 방마다 다른 모습이었다. 둔 왕비의 방과 두 자매의 방에서는 꽃의 문양이 반복적으로 나타났다. 아랍의 문자와 식물들을 표현한 기하학적 문양을 아라베스크 양식이라고 한다. 이는 한복 천 위에 새겨진 수많은 길상 문양과 크게 다르지 않다.

대부분의 한복 옷감에는 꽃, 식물, 동물들의 모습이 새겨져 있다. 자연의 형상 중에서도 구름은 예지력을 의미하는 중요한 무늬였다. 그래서 왕의 곤룡포나 왕세자의 단령 등 중요한 사람의 옷에 구름  무늬를 사용했다. 봉황이나 용은 왕실을 상징하는 이미지로 왕가의 사람들이 사용하는 물건과 옷에 새겨 넣었다. 알이 많은 포도와 석류무늬는 다산을 상징했다. 알함브라 벽면에 가득 찬 격자무늬처럼 한복에도 직선과 '만'자로 무늬를 채우곤 했다.

알함브라 궁전에는 건축가의 정원 혹은 천국의 정원이라 불리는 여름 별궁 '헤네랄리페'가 있었다. 하늘로 길쭉하게 솟은 이국적인 사이프러스 나

무와 오렌지 나무들은 이곳이 아랍사람들과 스페인 사람들이 사랑했던 곳임을 증명하고 있었다.

사람들은 자신을 아름답게 꾸미기 위해 갖가지 치장을 한다. 누군가는 값비싼 보석이나 금덩이를 녹여 화려하게 장식을 해야 자신이 돋보인다고 생각할지 모른다. 하지만 알함브라 벽면을 모두 화려하게 장식한 것은 금덩이도 보석도 아니었다. 갖가지 식물들과 꽃과 같은 자연의 이미지들이었다. 마치 한복 천 위에 조용히 박혀 있는 모란, 연꽃, 벌처럼 말이다. 이 세상 사람들의 취향과 특성에 순위를 매긴다면 가장 최상위에 있는 것은 자연이 아니었을까? 아랍, 스페인, 조선의 왕족들이 이렇게 옷과 도구에 자연의 모습을 곁들인 걸 보면 말이다. 거꾸로 말하면 내 취향은 아랍의 왕족이나 스페인의 왕족과 동급이라는 뜻이다. 하하!

## 한복 입은 거 보고 달려왔어요!

론다를 거쳐 세비야에 들렀을 때의 일이다.

"저기요!"

뒤를 돌아보니 낯모르는 한국인 여성이 긴 머리를 찰랑이며 뛰어오고 있었다.

"저요?"

"한복 입은 것 보고 여기까지 뛰어왔어요."

뜨거운 스페인의 태양만큼이나 환하게 웃는 그녀의 미소가 상큼했다. 이렇게 더운데 저 멀리서 나에게 달려오다니. 내가 한복을 입었다는 것만으로도 우리는 낯선 이국땅에서 친숙한 웃음을 나눌 수 있었다.

"우리 같이 사진 찍어요."

이렇게 강렬한 공감의 순간은 별로 없기 때문에 나는 감정이 사라지기 전 얼른 사진으로 남겨두고 싶었다. 우리가 카메라를 보고 활짝 웃는 순간 갑자기 주변이 어두워졌다. 주위를 둘러보니 길을 가던 키 큰 외국 여행자들이 우리를 에워싼 것이다. 그뿐만이 아니었다. 그들은 갑자기 함께 사진을 찍자며 사진 프레임 속으로 끼어들었다. 당황했지만 뭐 어때? 우리 둘도 처음 본 사이인데. 이것저것 따질 것 없이 우리 모두는 카메라를 향해 활짝 웃었다.

"김치이이이즈 ㅋㅋㅋ"

그렇게 그녀와 나는 강렬한 사진을 남기고 손을 흔들며 헤어졌다. 한국에 돌아와서도 종종 그녀가 생각나 유럽여행을 준비하며 가입했던 모 카페에 들러보았다. 알고 보니 그녀는 그곳의 회원이었다. 이후 한국에 돌아와 해

당 카페에 글을 남겼지만, 그녀의 소식은 전해들을 수 없었다. 가끔씩 지중해 햇살을 닮은 그녀의 환한 웃음이 떠오르곤 한다.

## 철릭원피스도 한복이야?

스페인 한복여행을 마치고, 언제나처럼 두려움 반 설렘 반으로 여행기를 커뮤니티에 올렸다. 나의 걱정거리는 딱 하나, '사람들이 정말 철릭원피스를 한복으로 여길까?' 하는 것이었다. 반응은 크게 두 가지였다.

"이제까지 본 적 없는 한복이네요. 정말 예뻐요. 어디서 살 수 있나요?"

"이건 한복이 아닌 것 같은데요. 일본 옷 같아요."

게시글을 올린 초반에는 전자의 반응이 훨씬 많았지만, 시간이 갈수록 두 번째 의견에 대한 갑론을박이 치열했다. 한복은 넉넉해야 하는데 몸에 타이트하게 붙고 허리를 조이는 철릭원피스의 형태가 일본의 기모노와 닮았다고 주장하는 사람들이 많아 놀랐다.

지금껏 나는 짧은 저고리와 그 아래부터 주름이 잡히는 긴 치마를 전통한복이라 여겨왔다. 이후 나만의 스타일에 맞고 편리한 한복을 찾아 상체에 딱 맞는 저고리와 긴 치마허리, 종아리에 닿는 짧은 길이의 치마를 맞추어 입었다. 많은 사람들이 '한복'의 전형적인 형태라 생각하는 모습과는 조금 달랐지만 연장선상에 있다고 생각했다.

하지만 철릭원피스는 달랐다. 깃이나 안고름, 고름, 치마허리 부분과 한국식 주름치마의 요소가 모두 들어가 있었지만 생김새가 '원피스'와 비슷했다. 패턴이나 재질도 지금까지 내가 입어왔던 한복과는 전혀 달랐다. 조선시대 무관들이 입었던 겉옷을 여성용 옷으로 재해석한 의상으로 상당히 새로운 접근방식의 의복이었다.

나는 한복 전문가가 아니라 한복 덕후로서 한복이 가지고 있는 세세한 용어와 형태, 다양한 디자인에 대해 공부해 왔다. 도서관에 가서 책을 읽기도 했고 학술 논문을 뒤지기도 했다. 그래서 얻게 된 정보 중 하나는 내가 알고 있던 것보다 훨씬 더 다양한 디자인의 한복이 존재한다는 것이었다. 이것이 한복이다, 한복이 아니다 라고 주장하는 사람들 역시 나와 같은 단계를 걷고 있었다.

결론적으로 한복계에 나타난 '철릭원피스'와 '허리치마'는 그야말로 대박을 쳤다. 이후 비슷한 철릭원피스 디자인과 허리치마는 생활한복의 아이콘이 되었고, 쉽게 만들어 입을 수 있다는 이점 때문에 한복 가게를 새롭게 차리는 사람들이 우후죽순으로 생겨났다.

# 4장 베트남

# 한복을 알아보는 사람들

B & B
HOME StAY
Family
HOACHANH
SAPA

## 아오자이 가게를 찾아서

한복여행을 하면서 가장 관심을 가졌던 것은 바로 그 나라의 전통옷이었다. 이상하게 전통옷을 보면 그 나라 사람들의 과거와 역사, 가치관을 들여다보는 것 같은 느낌이 들었다. 이런 내가 베트남 여행 중 아오자이를 찾는 건 매우 당연한 일이었다.

베트남에 가자마자 나는 아오자이를 맞추기 위해 수소문했다. 하지만 내가 알고 있는 베트남어라고는 '깜 언(고맙습니다).'뿐. 나는 페이스북 친구 꾸인에게 SOS를 쳤다. 꾸인은 나를 위해 현지의 아오자이 가게를 찾아 주소와 전화번호를 알려주었다.

하노이 호안끼엠 호수 근처에서 노닥거리다가 겁 없이 아무 택시나 골라 탔다. 오후의 하노이 거리는 꽤 붐볐다. 관광객들이 많이 가는 구시가지를 한참 지났는데도 차들이 줄줄이 서 있었다. 회색 빛깔의 딱딱한 건물 사이를 무표정한 얼굴로 걸어가는 사람들이 보였다. 베트남인들의 일상생활을 에어컨이 빵빵 나오는 시원한 택시 안에서 엿보고 있는 중이었다.

20여분이 지났을까. 택시가 시장 앞에 멈춰 섰다. 지도를 살펴보니 제대로 찾아온 게 맞다. 한국의 광장시장처럼 아오자이 가게가 주르륵 늘어서 있는 풍경을 기대했는데 그렇지 않았다. 자칫하면 지나쳐 버렸을 오래된 가게 주변에는 전선들이 어지럽게 늘어져 간판을 가리고 있었다.

아오자이 가게 이름은 '민덕(Minh Duc).' 사장은 매우 앳돼 보이는 여성이었다. 한복을 입고 들어서는 나를 보자 당황한 기색이 역력

했다. 일단 대화가 통하지 않았다. 나는 영어 단어를 나열해서 어떻게든 아오자이를 맞추겠다는 강한 의지를 표현하려 했으나 매번 벽에 부딪쳤다. 하지만 나에게는 음성번역 어플이 있었다! 한국어로 말한 뒤 베트남어로 번역하는 똑똑한 스마트폰은 바벨탑의 한가운데 서 있는 우리에게 웃음을 되찾아주었다.

## 낯선 가게에서 홀딱 벗다

문제는 사이즈 측정이었다. 아오자이는 한복과는 형태나 특성이 달랐다. 우선 신체에 딱 맞게 제작되므로 팔 둘레나 목둘레는 물론 허리와 골반 사이즈도 필요했다. 상체 사이즈를 재던 민덕의 사장님은 나를 지긋이 바라보았다. 옷을 벗어야 한다는 뜻 같았다.

"안 벗으면 안 되나요?"

"……"

그녀의 단호한 표정에 나는 모든 것을 체념하고 옷을 한 꺼풀씩 벗기 시작했다. 맙소사, 낯선 이국땅에서 처음 보는 사람에게 내 모든 것을 보여주다니! 목욕탕에 왔다고 생각하자며 내 자신을 다독거렸지만 치마까지 풀어헤친 순간 털이 박박 깎인 고양이가 된 것 같았다. 이 순간이 어서 빨리 지나기를 바라는 마음뿐. 나는 한복을 입을 때 브래지어를 착용하지 않기 때문에 더욱 창피했다.

'괜찮아. 치수야 금방 재는 걸.'

마음속으로 심호흡을 했다. 여기저기 사이즈를 측정하던 그녀가 줄자를 책상에 내려놓자, 나는 마트의 타임세일을 노리는 속도로 몸을 가렸다. 그러다 여사장과 눈이 마주쳤다. 그녀는 알 수 없는 베트남어로 뭔가를 말하면서 양손바닥을 편 채 연신 자기의 가슴을 들어 올렸다.

"가슴 사이즈요? 그게 왜요?"

"@#$$%@@"

말은 알아들을 수 없지만 뉘앙스는 이해가 됐다. 그녀는 실제 가슴둘레 치수보다 옷을 좀 더 크게 제작하는 것이 좋다는 얘기를 하는 중이었다. 반

벌거숭이 차림인 나는 고개를 끄덕이며 오케이, 오케이를 외쳤다. 그냥 알아서 만들어주세요! 난 빨리 옷을 입고 싶다고요.

그녀는 고개를 끄덕이며 주변을 정리했다. 나는 그제야 주섬주섬 옷을 입었다. 하나씩 몸에 뭔가를 걸칠수록 내 자존감도 되살아났다. 그럼 그럼, 무릇 문명인이란 옷을 입어야지. 마지막으로 고름을 매면서 일부러 씩 웃었다. 아무렇지 않은 척해야 그나마 부끄러움이라도 숨길 수 있을 것 같았다.

사장은 아오자이를 완성하는 데까지 나흘이 걸린다고 했다. 내일이나 모레는 안 되겠냐며 불쌍한 표정으로 물어봤지만 택도 없었다.

## 베트남의 톰 소여

톰 소여를 만난 것은 구시가지 항범 26지점의 여행사에서였다. 하노이 말고도 근교로 나갈 수 있는 방법이 많다기에 불쑥 들어가 정보를 구하기로 했다.

"안녕? 내 이름은 톰 소여야. 너는?"

까무잡잡하고 동그란 얼굴의 톰 소여가 입을 벌려 환히 웃고 있었다. 그는 10평 남짓한 직사각형의 자그마한 사무실에서 하롱베이와 사파 등 여행상품을 판매하고 있었다.

"이것 봐. 예전에 한국에서 신혼여행을 온 사람도 있었어. 나랑 페이스북 친구야."

그는 나를 설득할 수 있을 거라 생각했는지 한국의 신혼부부 이야기를 꺼냈다. 나는 여행사에 충동적으로 들어온 터라 바로 결정할 생각이 없었다.

DE IN VIETNAM
FAKE

하지만 능숙하고 유쾌한 그의 말을 들을수록 내 마음의 벽이 서서히 허물어지고 있었다.

내 마음은 이미 톰 소여에게 가 있었다. 문제는 여행지 선택이었다. 유네스코 세계자연유산으로 등록된 아름다운 풍경의 하롱베이를 다녀올 것이냐, 북부 산간 지방의 원주민 몽족을 만나러 사파 트레킹을 할 것이냐. 혼자 떠나는 여정이라 무엇이든 상관없었지만 누군가를 만날 수 있는 여행이 나를 더 잡아끌었다.

"사파 트레킹은 어때?"

"거긴 높지 않아. 트레킹하기 아주 쉬운 곳이니까 가능해."

호언장담을 하는 톰 소여를 보고 나는 흑혜를 신은 발을 치켜들며 다시 물었다.

"난 지금 이런 신발을 신었다고. 이거 보여?"

"노 프라블럼!"

흑혜는 바닥이 딱딱하고 겉면을 검은 천으로 둘러 만든 신발이다. 나는 문제없다는 톰 소여의 말을 의심했다. 그 정도로 쉬운 레벨의 트레킹이라고? 무슨 산책로라도 되나? 나의 의구심은 계속됐다.

"옷도 지금 이 옷을 입을 거야."

나는 풍성한 벨 모양의 치마를 펼치며 말했다. 그러자 톰 소여의 동공이 조금 흔들리는 것 같았다. 그렇지만 이번에는 고개를 가로저으면서까지 강하게 부정했다.

"상관없다니까. 걱정 마."

하지만 문제는 따로 있었다. 사파에서 하노이에 도착하는 날 아오자이를 되찾아 공항으로 가야 했기 때문이다. 시간상으로 매우 빠듯해 보였다.

"나 어제 아오자이 맞췄거든. 그거 찾아와야 하는데…. 어떡하지?"

"내가 찾아다 줄게!"

나는 내 귀를 의심했다. 심부름을 대신 해 준다는 건가?

"여기에서 거리가 좀 있는데 정말 가능해?"

나는 그에게 주소가 적힌 종이를 내밀었다.

"어디보자. 아! 이 가게 내가 아는 데야."

톰 소여는 아오자이 가게에 바로 전화를 걸었다. 베트남어로 짧은 통화를 하더니 그는 씨익 웃었다.

"노 프라블럼!"

솔직히 내 질문에 톰 소여가 단 하나라도 '어렵다'고 말했다면 나는 사파 트레깅이 아닌 하롱베이 투어를 선택했을 것이다. 순식간에 모든 문제가 해결되자 어안이 벙벙했지만 이 인상 좋은 베트남 청년을 믿어보고 싶다는

생각이 들었다.

나는 곧장 가방 속에서 지갑을 꺼내 아오자이 잔금과 사파 트레킹 비용에 약간의 금액을 더해 내밀었다. 남는 금액을 그냥 꿀꺽한다면 뒤도 돌아보지 않고 돌아 나올 참이었다.

"미루, 돈을 더 많이 주었는데? 여기."

남는 금액을 한 푼도 빠짐없이 내 앞에 내미는 톰 소여. 이 사람 정말 정직한 사람이구나. 그를 시험한 내가 부끄러웠다.

"교통비가 필요하잖아."

"아니야, 내 오토바이로 다녀오면 돼."

"가다가 음료수라도 사 먹어."

나도 나지만 톰 소여의 고집도 만만치 않았다. 혹시 착한 베트남인의 마음을 상하게 할까봐 걱정됐지만 조금이라도 더 챙겨주지 않으면 내 마음이 편치 않을 것 같았다.

"내일 모레 밤 9시야. 가게 앞으로 오면 사파로 가는 버스정류장까지 데려다 줄게."

대금 지급 영수증과 비행기 예약티켓을 받은 나는 명함을 꺼내 톰 소여에게 쥐어주었다.

"내 명함이야. 페이스북 친구하자."

다음날 오전에, 톰 소여의 여행사에 들렀을 때 내 명함은 손님들에게 가장 잘 보이는 테이블 유리 안에 끼워져 있었다.

## 수아에게 한복을 입혀주다

수아와 친구들을 만난 것은 베트남 한국문화원에서였다. 베트남에서 한복에 대해 관심을 가진 현지인을 만날 수 있다는 사실에 가슴이 뛰었다. 나는 한국에서의 활동을 담은 시청각 자료를 준비했다. 한국에서 2015년부터 7차례 진행한 한복여행 사진전이 베트남 주재 한국문화원의 후원으로 해외에서 최초로 열리는 순간이기도 했다.

한복을 입고 호안끼엠 호수로 나들이를 가기로 했기 때문에 다들 한복을 고르느라 정신이 없었다. 얼마 전 한국에서 공연을 왔던 팀이 당의 저고리와 치마 한복을 두고 갔는데, 깨끗하고 예쁜 색감이라 인기가 많다고 했다. 먼저 온 순서대로 당의와 치마 색을 골라주었다. 밝고 명랑한 베트남 나들이 팀은 한복을 입는 일이 익숙한 듯 속치마부터 골라 입기 시작했다.

"어, 속치마의 후크는 가슴 앞쪽에서 채우는 거예요."

나도 모르게 한국어로 말했는데 신기하게도 한국어가 돌아왔다.

"그래요? 여기서 어떻게 해야 해요?"

"한국어를 아주 잘하네요?"

"배웠어요. 조금요."

단발머리에 큰 눈이 귀여운 수아가 나를 올려다보았다. 얼굴 근육 전체를 움직여 활짝 웃는 모습이 인상적이었다. 나는 수아의 패티코트 속치마 후크를 몸 앞쪽으로 돌리고, 어깨에 주름이 없도록 속치마를 잡아 당겼다. 가슴께의 주름이 펴지자 몇 개의 후크를 당겨 여며 주었다.

"그 다음은 치마를 입으면 되죠?"

수아는 미리 골라놓았던 한복치마를 손에 쥐고 물었다. 다른 사람이 가져갈까봐 미리 선점해 놓은 것이다. 치마끈을 양손으로 잡고 조금 타이트하게 양쪽으로 당겨 보았다.

"가슴이 너무 조이나요? 답답한가요?"

"아니요, 괜찮아요."

"이렇게 조금 당겨 입는 것이 예쁘거든요."

가슴 쪽이 살짝 눌리듯 당겨 입어야 저고리가 뜨지 않는다. 이를 위해서는 치마를 입을 때부터 힘을 주어 치마를 죄야 한다. 그 과정에서 어쩔 수 없이 수아의 가슴 위쪽에 손이 닿았다.

"아, 미안해요, 좀 불편했죠?"

우리는 서로 킥킥대며 웃었다. 같은 여자라서 다행이었다. 어제 아오자이를 맞추러 가서 반 전라로 멀뚱히 서 있던 내 모습이 떠올라 더욱 웃음이 났다.

나는 누군가에게 한복을 입혀줄 때, 상대방과 친밀감을 느낀다. 마치 그 사람의 한복을 내가 입는 것처럼 바로 뒤 왼쪽에 서서 옷을 입히고 끈을 맨다. 고름을 지을 때도 마찬가지다. 내 한복의 고름을 맬 때는 쉬운데 상대방의 얼굴을 마주보며 고름을 매는 건 항상 헷갈린다. 어쩔 수 없이 나는 상대를 뒤에서 안아 고름을 맨다. 그러다보면 상대의 체취와 숨소리를 매우 가까이에서 느낄 수 있다. 한복이 아니었다면 가족이나 연인이 아니면 쉬 내어줄 수 없는 사적인 영역에 들어갈 수 없었을 거다. 누군가에게 한복을 입혀줄 때면 나는 내가 특별한 사람이라도 된 것 같아 어깨가 으쓱해진다.

## 베트남 친구들과 베트남에서 한복 체험을

한복을 입은 수아, 친구들과 함께 호안끼엠 호수로 향했다. 그들은 문화원 행사 때에 한복을 입고 참여한 적은 많지만 한복을 입고 호수를 거니는 것은 처음이라고 했다. 다들 한복치마를 추스르는 것이 익숙지 않아 보였다.

"여기 왼쪽 자락을 함께 앞으로 당겨 잡으면 치마가 끌리지 않아요."

수아의 치맛자락을 잡고 시범을 보여주니 친구들 모두 까르르 웃었다. 형형색색의 한복을 입은 베트남 친구들이 조르륵 서서 옷매무새를 단장하는 모습은 진풍경이었다. 한국에서도 당의를 입고 한꺼번에 몰려다니는 장면은 흔한 것이 아니다. 지금 내가 꿈을 꾸고 있는 것인지 기분 좋은 몽롱함이 계속되었다.

서양인 관광객들은 우리의 모습을 보고 꽤나 놀라는 모습이었다. 갑자기 신통력이 생겨 그들의 생각을 읽을 수 있었다.

'베트남 전통옷인가?'

나 혼자 있을 때와 달리 사람들은 한 데 몰려 있는 무리에게 쉬 다가오지 않았다. 잠시 후, 나이가 지긋한 유럽 노부부가 우리에게 다가왔다.

"무슨 행사가 있었니? 다들 어디서 왔어?"

"행사는 아니고요, 한국문화원에서 다함께 놀러 나온 거예요."

"이건 무슨 옷이니?"

부부의 질문에 수아의 친구 흐엉 까오가 낚아채듯 대답했다.

"이건 한복이에요. 한국의 옷이고요. 선생님, 저 대답 잘했죠?"

한국문화원에서 한복에 대한 강의를 한 탓에 어느 순간 선생님이 되어 버린 나는 멋쩍어 고개만 끄덕였다.

'이렇게 입고 나온 이상 흐엉의 옷이지. 우리 모두의 옷인 거고.'

이렇게 말해주고 싶었지만 타이밍을 놓치고 말았다.

흐엉, 하잉, 수아, 프엉, 히엔, 린과 나는 함께 곡손템플로 들어갔다. 이곳은 호안끼엠 호수에서도 관광객이 가장 많이 방문하는 장소 중 하나이다. 입장객들의 시선이 우리에게로 쏠렸다.

처진 눈이 매력적인 20대 아가씨 흐엉은 셀카봉을 주섬주섬 꺼내더니 휴대폰을 끼워 하늘을 향해 펼쳤다. 관광객들의 시선은 우리의 일거수일투족을 따르고 있었다.

## 한국 덕후 베트남 소녀들

수아는 '느영나영' '아리랑'과 같은 한국 민요를 좋아했다. 처음 배울 때는 발음하기 어려웠지만 한국어를 배운 덕분에 민요의 노랫가락이 귀에 들어오게 되었다고 말했다. 그것을 시작으로 한국 전통음악과 악기, 그리고 한복을 좋아하게 되었다고 말하는 수아의 얼굴은 싱글벙글했다.

"한복 입고 나오면 다들 사진을 같이 찍고 싶어 해요."

수아가 능숙한 한국어로 얘기했다. 지켜보던 프엉도 말을 보탰다.

"전 한복 좋아요. 예뻐요."

입을 모아 한국어로 한복이 좋다고  말하는 친구들을 보면서 호기심이 생졌다. 아오자이가 아닌 한복을 입은 이들의 모습이 다른 베트남인들에게 어떻게 비칠지 궁금했다.

"한국에서는 요즘 여러분 같은 학생들이 한복 입고 다니는 것이 유행이에요."

"진짜요? 선생님처럼 여행도 하고요?"

'선생님'이라는 호칭에 자꾸만 광대가 올라갔다. 왠지 존중받는 느낌이 들었다.

"편한 종류의 한복을 입고 여행하는 사람들이 많아졌어요. 맛있는 것도 먹고요."

"맛있는 거!"

프엉과 히엔이 베트남어로 왁자지껄 이야기를 시작했다. 그러더니 대뜸 이렇게 외쳤다.

"한국식 빙수 가게에 가요!"

나는 빙수라는 말에 귀가 번쩍 뜨였다. 베트남에서 만나는 한국 빙수는 어

떤 맛일까 몹시 궁금했다. 베트남의 한국 빙수 가게는 하노이 성 요셉성당 근처였다. 거의 다 왔나 싶어 주위를 두리번거리자 흐엉이 나를 붙들었다.

"여기서 같이 사진 찍어요!"

흐엉은 성 요셉성당이 하노이에서 가장 유명한 관광지라고 했다. 사실 어제 짐을 풀자마자 가장 먼저 들른 곳이지만 나를 위해 친절히 안내해주는 흐엉의 배려가 고마웠다. 우리는 모두들 다채롭게 포즈를 취했다. 엄지와 검지를 이용한 작은 하트, 두 손으로 턱을 받치는 꽃받침 포즈, 당의의 특징을 살려 보 안에 손 넣고 찍기 등등.

이런저런 포즈로 추억을 남기고 있을 때, 익숙한 한국어가 들렸다.

## 저는 한국인이에요

"아이고, 이게 웬 한복이래?"

노모를 모시고 여행 온 한국인 가족이었다. 베트남에서 한복 입은 무리와 마주치다니 놀라는 것도 당연했다.

"한국인이여? 아가씨들 증말 이쁘네, 응?"

"아니요, 베트남 사람이에요."

흐엉이 대표로 대답하자, 할머니의 목소리가 더욱 커졌다.

"그런데 한복을 우째 입었대? 다들 너무 이쁘네."

할머니는 우리들의 어깨를 하나하나 쓸어주셨다. 나는 할머니를 놀라게 해드리고 싶어서 말없이 인사를 건넸다.

"저는 한국인이에요. 여행 오셨어요?"

“아이고 깜짝이야. 언니는 한국인이야? 다들 뭐헌다고 이렇게 한복을 입고 있대?”

나는 할머니에게 이곳에 온 이유를 설명해주었다.

“빨리 사진 한 장 같이 찍자고. 찍어도 되지이?”

할머니가 재촉하는 바람에 가족들이 일사분란하게 움직였다. 우리는 그렇게 한복으로 하나 되어 사진을 찍었다. 이 순간 한복은 모두에게 다른 의미였다. 나에게는 여행 옷이지 베트남 친구들에게는 특별한 옷, 한국인 가족에게는 반가운 옷이었던 거다.

시끌벅적한 촬영을 뒤로하고 우리는 시원한 에어컨 바람을 맞으며 한국식 빙수를 마구 퍼먹었다. 얼린 망고 대신 생 망고를 얹어주었다는 걸 빼면 빙수 맛은 똑같았다. 나 지금 베트남에서 한국체험하고 있는 느낌이야!

## 하노이에 사는 삼총사의 꿈

"한복을 입었네요?"

꾸인이 나를 보자마자 처음 건넨 말이다. 꾸인과는 1년 동안 페이스북 친구로 지냈지만 얼굴을 마주한 것은 이번이 처음이었다. 이번 베트남 여행의 목적 중 하나는 꾸인을 만나는 것이었다. 꾸인은 하노이외국어대학교 한국어과 학생으로 한국어 통역가가 되는 것이 꿈이다.

꾸인을 만나는 날 반갑게도 삼총사인 반과 덩도 함께 나왔다. 이들은 한복차림에 베트남 모자 논을 쓴 나를 요리조리 살피며 신기해했다. 오히려 나는 한국어를 전공한 친구들 덕분에 베트남에서도 자유롭게 대화를 나눌 수 있는 현실이 더욱 신기했다.

한국에 각별히 관심을 갖고 있는 꾸인과 친구들은 페이스북을 통해 많은 한국인들을 만났다고 했다. 페이스북을 통해 사귄 한국인 친구들이 베트남에 여행 올 때마다 함께 만나서 사는 이야기도 나누고 한국어 연습도 할 수 있으니 좋다고 말했다.

"항상 좋았던 것은 아니에요."

꾸인이 어깨를 으쓱하며 말했다. 일부 한국인들은 물가가 싸고, 자기들과 피부색이 다르다는 이유로 현지인들을 함부로 대하고 무시하기도 했다. 심지어 일부 사업가들은 꾸인에게 무료통역을 요구하거나 불건전한 의도로 접근하기도 했다. 그때마다 얼마나 큰 상처를 받았을까? 꾸인에게 미안한 마음이 들었다.

베트남의 수도 하노이에 만난 세 명의 여대생은 누구 못지않은 매우 주도적인 삶을 꿈꾸고 있었다. 덩은 자신만의 아이스크림 가게를 차리는 것을

꿈꾸고 있었고, 반은 한국의 대학생들이 그러하듯 진로에 대해 생각으로 치열하게 고민 중이었다. 다들 삶의 가치와 목표는 달랐지만 분명한 건 결혼이든 싱글이든 타인의 시선보다 나를 중심에 둔 삶이 가장 값지다는 것이었다. 삼총사의 훌륭한 한국어 실력 덕분에 우리의 속 깊은 대화는 점점 무르익어 갔다.

## 바가지 종결자

삼총사는 내가 사파 트레킹을 할 때 필요한 배낭 구입을 도와주었다. 즉흥적으로 결정한 북부여행인 만큼 옷과 속옷을 넣어갈 가방이 필요했다. 호안끼엠 호수 근처를 지나 짝퉁 등산용품을 파는 거리에 도착했다. 겉으로 보기에는 진품과 다를 바 없는 노스*이스 배낭, 바람막이, 신발 등등이 진열되어 있었다. 어찌나 정교하게 제작됐는지 해당 회사 대표가 이곳에 오면 기절할지도 모른다. 상인에게 슬쩍 가격을 물어보고 웬만하면 구입할 생각이었다. 그런데 꾸인이 제동을 걸었다.

"비싸요. 바가지예요. 다른 곳에 가요."

현지인과 함께 다니는 기쁨이란 바로 이런 것이다! 나 혼자였다면 뭣도 모르고 바가지를 썼을 텐데 현지인 친구들 덕분에 당당하게 물건을 고를 수 있었다. 또, 상인들 역시 친구들과 함께 물건을 사러 간 나를 만만한 여행객으로 보지 않는 눈치였다.

우리는 다른 가게를 향해 발걸음을 옮겼다. 그때, 길가에서 상품을 판매하고 있는 할머니가 보여 가격을 물어봤다.

"3만 동이래."

"비싸요!"

삼총사는 한국어로 소리쳤다. 할머니의 표정이 뜨악했다. 꾸인이는 유창한 베트남어로 다시 가격을 물었다. 몇 마디가 더 오가는 것을 보니 흥정하는 것 같았다. 이내 고개를 돌려 나를 봤다.

"1만 동에 해 준대요."

무려 3배나 깎다니! 나는 고민 없이 바로 돈을 지불하고 가방을 골랐다.

다양한 색상 앞에서 잠시 머뭇거렸는데 내가 보라색 가방을 집어 들자 꾸인과 덩은 "오올~" 하는 표정으로 반과 나를 번갈아 쳐다봤다. 반이 마음에 들어 했던 색상이었던 거다.

"한국에 오면 바가지 걱정은 하지 마! 내가 있잖아."

친구들 덕분에 예쁜 가방을 합리적인 가격에 구입한 나는 기분 좋은 나머지 이렇게 호언장담했다.

## '타인'을 만나다

드디어 사파로 떠나는 날이다. 설렌 마음에 아침 일찍 서둘렀더니 약속시간보다 일찍 톰 소여의 여행사에 도착하고 말았다. 여행사에는 톰 소여 대신 타인(Thanh)이 자리를 지키고 있었다. 타인은 톰 소여를 형이라고 불렀다. 타인은 톰 소여보다 피부가 밝고 얼굴형이 갸름했다. 전혀 생김새가

닮지 않은 것으로 봐서 가족은 아니고 친한 나머지 '형'·'동생' 하는 사이인 것 같았다.

타인은 영어를 전혀 하지 못했지만 나와 대화하고 싶어 했다. 결국 PC에 번역 페이지를 띄우고 서로 얼굴을 마주했다. 우리는 서로의 언어를 번역하여 보여주며 대화를 이어나갔다.

타인(他人)으로 만났지만 전혀 타인 같지 않은 타인(Thanh)은 매우 호기심 많은 청년이었고, 나와 한국에 대한 호기심이 많았다. 타인과 톰 둘 다 사람 좋은 인상에 호의를 가득 담고 있어 대화하는 내내 즐거웠다.

타인과 대화하다가 놀라운 사실을 알게 됐다. 톰 소여의 본명이 '푸'라는 것. 순간 아기곰돌이 푸우가 떠올랐다. 푸우와 톰 소여 간에는 어떤 상관관계가 있을까? 이런 생각을 했더니 피식 웃음이 나왔다.

## 신장개업한 가게에 초대받다

타인과 푸를 기다리고 있는데 난데없는 음악소리가 둥둥 울렸다. 꼭 노래방 음악소리 같았다. 이어 누군가의 노래 소리가 들려왔다.

"미루, 잠깐 나와 볼래? 소개해줄 사람이 있어."

입구에 테이블과 의자를 내어 놓고 앉아있는 중년의 여성은 아주 기분이 좋은 듯 보였다. 시원하게 올려 묶은 올백 머리와 눈가의 주름, 환한 미소는 가슴팍에 살포시 안고 있는 클러치와 함께 반짝거렸다.

"우리 건물주이셔. 인사해."

"건물주라면 푸의 건물을 소유하고 계신 분?"

"맞아. 하하하하! 그녀는 아주 돈이 많은 능력자야. 내 가게는 사장님 손에 달렸어."

사장님은 오늘 푸의 가게 바로 왼쪽, 직사각형으로 생긴 좁은 공간을 활용하여 카페를 차렸다. 새로 오픈한 가게의 번창을 기원하는 주변사람이나 일면식은 없지만 같은 거리에서 가게를 하는 사람들이 자유롭게 들어와 노래를 불렀다. 앞으로도 가게에 사람들로 가득 차서 왁자지껄하기를 기원해주는 것이다. 한국도 잔칫날에는 사람이 많이 와서 북적거려야 좋다는 믿음이 있는데, 이곳 베트남에도 비슷한 통념이 있는가 보다. 언어는 통하지 않았지만 내 이야기를 들은 사장님은 환영의 표정을 지어 보이셨다. 나는 사장님의 손에 이끌려 가게 내부로 들어가 앉았다. 사장님은 신장개업 축하를 위해 들어온 모든 사람에게 무료로 음료를 베풀어 주셨다. 사람들이 끊임없이 들어와 실내를 가득 채웠고, 노랫소리도 끊임없이 이어졌다.

SINH CAFE TRAVEL
BOOKING OFFICE
SINH CAFE TRAVEL
CRUISE

## 아르바이트생, 민

민은 신장개업한 사장님의 일손을 돕고 있었다. 푸하고도 꽤 친밀한 사이라서 급한 일손을 돕기 위해 나왔다고 했다. 일일 아르바이트생으로 손님들을 자리로 안내하고 개업행사가 잘 진행되도록 분주하게 뛰어다녔다. 실내가 꽉 찬 뒤에야 민과 나는 시원한 에어컨 바람 아래 쿵짝거리는 BGM을 들으며 이야기를 나누었다.

22살의 민은 대학교를 다니면서 아르바이트를 하고 있다고 했다. 집이 근처라서 늦게까지 일을 해도 상관없다며 씩 웃었다. 하노이공업대학에서 전자 전공을 하고 있지만, 졸업 후 전공을 살려야 할지 말아야 할지 모르겠다며 걱정하는 모습은 여느 한국 대학생의 고민과 크게 다르지 않았다.

20대 초반은 이것저것 많이 생각하고 많은 경험을 하면서 자신의 길을 찾아가는 시기라고 말한다. 하지만 말이 쉽지 실제로는 질풍노도의 시기이다. 발등에 불 떨어지듯 어느 순간 20대가 되어버린 나에게는 생각할 시간이 충분치 않았다. 그저 현실과 타협해 당장 돈을 벌 수 있는 일을 찾아 나서기 급급했다. 시간이 지나고 나서야 그 모든 일이 지금의 나를 만들어 주었다고 느끼지만, 당시에는 모든 게 불안했다. 나는 베트남 청년 민과 함께 지나간 20대를 반추하며 인생에 대한 이야기를 나누었다.

"근처 구경 좀 할래?"

민의 권유로 가게 주변을 돌아보기로 했다. 구시가지 한복판에서 밴드가 거리공연을 하고 있었다. 구경꾼이 함께 참여하는 방식으로 신청곡을 받아 연주를 했다. 한 곡은 밴드 보컬이, 또 한 곡은 신청자가 교대로 부르는 방식이었다. 밴드는 앰프에 연결된 기타로 멋지게 반주했다. 한 서양인이 제

이슨 므라즈의 'I'm yours'를 부르자 많은 사람들이 둥그렇게 에워쌌다. 나도 노래를 따라 불렀다.

한국에서 한복을 입고 우쿨렐레 거리공연에 참여했던 적이 있다. 연주 솜씨는 형편없었지만 좋아하는 한복을 입고 좋아하는 악기 연주를 하는 것 자체가 행복이었다. 해금이나 가야금과 달리 외국 악기가 한복과 어떻게 하모니를 이룰지 궁금했다. 말괄량이의 발걸음처럼 통통거리는 우쿨렐레 소리가 한복 속으로 스며들고 있었다. 내가 한복을 입고 한국과 외국을 오가는 것처럼 한복과 서양 악기인 우쿨렐레가 자연스럽게 섞여 예쁜 하모니를 만드는 모습이 좋았다.

하노이 거리에 노랫소리가 울려 퍼졌다. 나와 민은 흥에 겨워 박자에 맞춰 몸을 흔들었다. 또 하나의 인상 깊은 추억이 내가 입고 있는 한복에 물드는 순간이었다.

## 드디어 사파로 출발하다

운동화도 없이 흑혜만 신은 나는 트레킹 코스가 "베리 이지"하다는 푸의 말만 믿고 사파로 출발했다. 밤 9시 30분. 베트남에서 구입한 노스*이스 짝퉁 배낭에 최소한의 짐을 챙긴 뒤 푸를 따라나섰다. 푸의 오토바이에 올라탔다. 오토바이는 매연을 내뿜으며 고가다리를 지나 한적한 외곽 건물 앞에 도착했다. 이곳이 슬리핑버스 정류장이었다.

"Good luck! 여행 즐겁게 해. 미루."

"고마워! 내 아오자이 잘 좀 부탁해!"

나는 푸의 오토바이가 사라질 때까지 손을 흔들었다.

밋밋한 건물 앞에 정류장이 덩그러니 놓여 있었다. 도로에는 차들이 씽씽 지나가고 건너편에는 뜻을 알 수 없는 네온사인이 달려 있었다. 정류장으로 동서양 외국인들이 점점 몰려들었다. 이들은 들뜬 목소리로 여행에 대한 이야기를 주고받았다.

나는 버스 승차소에서 탑승자 정보를 기록한 뒤(이름, 나이, 국적 등) 사람들 사이로 섞여 들어갔다. 마침 심심하던 차, 외국인 아가씨둘에게 불쑥 인사를 건넸다.

"어디서 왔어?"

"네덜란드에서 왔어. 너는?"

"한국."

"설마 북한?"

"아니. 북쪽이 아닌 남쪽이야, 남한이지. 하하. 여기 사파 가는 정류장 맞지?"

"아마, 맞을 걸?"

둘은 베트남에 오기 위해 함께 일정을 잡았다고 했다. 슬리핑버스가 아주 좁아서 불편하다고 들었는데 괜찮을지 모른다며 걱정했다.

"어? 한국 분이신가요?"

낯선 이국땅에서 듣는 한국어다. 저절로 고개가 돌아갔다.

"이런 곳에서 한복을 보게 될 줄 몰랐네요. 왜 입었어요?"

"제가 한복을 좋아해서요. 한복 입고 트레킹하러 사파에 간답니다."

A언론사의 장 기자님이셨다. 사파 지역 몽족들의 생활에 대한 취재를 나오셨다고 했다. 촬영 기자님과 며칠간 머무르다가 지금 막 하노이에 도착했는데, 한복에다가 논을 쓰고 나타난 내가 굉장히 신기하셨나 보다. 바로 며칠 전까지 비가 너무 많이 와서 옷이며 신발이며 다 젖어 힘들었다는 이야기도 해주셨다.

"정말 심한 폭우가 내렸어요."

길이 온통 진흙인데다가 발이 푹푹 빠져 내가 신은 신발로는 트레킹이 어려울 거라며 나를 걱정해주셨다.

"미리 만났더라면 함께 트레킹을 했을 텐데 아쉽네요."

기자님이 내 한복을 훑으며 말했다.

'그러게요, 저도 취재팀과 여행을 했다면 어땠을까 정말 궁금해요.'

나는 속으로 이렇게 말하며 씽긋 웃었다. 그때 저 멀리서 버스 한 대가 미끄러지듯 들어왔다.

## 신발 벗어! 빨리 들어가!

사람들이 버스를 향해 우르르 돌진했다. 나는 늑장을 부린 탓에 줄 제일 끝에 서고 말았다. 그때 젊은 아시아 청년들이 약속이나 한 듯 동시에 외쳤다.

"와! 한복이다! 한국인이죠? 우린 태국에서 왔어요."

나는 고개를 끄덕이며 몇 개월 전에 태국 여행을 했었다고 말했다. 그러자 그들은 더욱 반가운 눈치였다. 남자 한 명에 여자 두 명으로 구성된 그들은 사파에 도착해서 근처 호텔을 잡고 천천히 돌아볼 예정이라고 했다. 줄을 서는 짧은 시간에도 세계 다양한 이들의 사연을 들을 수 있는 것, 이것이야말로 여행의 묘미라는 생각이 들었다.

"짐 있는 사람은 짐칸에 싣고 올라가세요!"

직원이 버스에 오르는 승객들에게 이렇게 외쳤다. 다들 허둥지둥하며 짐

칸에 겨우 짐을 실었다. 그런데 다음이 문제였다.

"신발 벗고 올라오세요!"

입구에서 기다리던 또 다른 직원이 까만 비닐봉투를 한 장씩 뜯어 입장객들에게 건넸다. 뒤에서 기다리는 사람들이 많았기 때문에 나도 황급히 흑혜를 벗어 비닐봉지에 넣었다. 생각과는 달리 버스 내부 좌석은 정해진 자리가 따로 없었다. 대부분의 여행자가 1층을 선호했기 때문에 1층 자리는 뒤쪽에 몇 개만 남아 있었다. 동서양에서 온 사람들은 입구에서부터 꽤 거친(?) 서비스를 받았다.

"신발 벗어! 여기다 넣어! 들어가! 빨리 들어가!"

키가 큰 유럽 친구들은 심지어 다리를 뻗을 수도 없었다. 좁다고 말은 들었지만 이렇게 끔찍할 줄은 몰랐다. 여기저기서 불평들이 쏟아져 나왔다. 조심스럽게 발을 뻗어보니 다행히 아담한 나에게는 딱 맞는 크기였다. 슬그머니 미소를 짓고 있자니까 입구에서 만난 태국 친구들이 난감해 하는 모습이 눈에 들어왔다.

"무슨 일이야?"

“근처에 함께 자리를 잡으려고 하는데 남은 좌석이 너무 멀리 떨어져 있어서…. 누가 뒤로 갈 건지 정하고 있어.”

“내 자리로 올래? 나는 혼자니까 뒤쪽으로 가도 괜찮아.”

나는 기꺼이 그들에게 양보했다. 친구들과 어깨를 나란히 하며 여행하는 게 얼마나 큰 즐거움인지 알고 있었기에. 좌석을 양보하자 태국 친구들이 환한 얼굴로 인사했다. 무거운 엉덩이를 잠깐 옮겼을 뿐인데 감사의 표시로 과자 한 봉지도 얻어먹었다. 꿀맛이었다.

## 슬리핑버스에서 속치마 벗기

슬리핑베드는 폴더처럼 허리를 중심으로 접었다가 펼 수 있었다. 좌석을 끝까지 뒤로 넘기고 나만의 작은 침실을 만들어 보았다. 좌석마다 작은 모포가 있어 휴대폰을 볼 때에는 머리 지지대로 좋았고, 잘 때는 이불로 사용할 수 있었다.

슬슬 자야 하는데 속치마가 문제였다. 속치마를 벗어야 편히 잘 수 있을 것 같았다. 나는 애벌레처럼 꿈틀대며 발끝까지 속치마를 벗어 고이 접었다. 선반 아래 공간에 밀어 속치마를 집어넣자 원래 제자리인 듯 쏙 들어갔다. 혹시 누가 나를 보고 있있나 싶어 주위를 둘러봤지만 아무도 내게 관심이 없었다. 미션 컴플리트!

몸이 좀 편안해졌을 때 이번에는 수상한 냄새가 코를 찔렀다. 사파와 하노이를 오가는 버스 내부에 고여 있는 사람들의 체취 때문이었다. 땀 냄새와 발 냄새, 정체 모를 시큼털털한 냄새에 화장실에서 나오는 암모니아 냄새까지…. 하루 종일 더운 날씨에 여행을 하고 버스를 탔으니 이런 냄새가 나는 것은 당연한 일이었다. 갖가지 냄새들은 무차별적으로 내 코를 마비시켰지만 30여분이 지나자 놀랍게도 곧 적응됐다.

버스는 밤새도록 쌩쌩 도로를 달렸다. 나는 깊은 잠에 들지 못하고 몸을 뒤척였다. 새벽 1시쯤 되었을까, 달리던 버스가 갑자기 멈춰 섰다. 버스는 내부 등을 모두 꺼서 깜깜한 상태, 시계를 보니 도착하려면 아직 한참이었다. 아마 중간 정류장에 들러 손님을 또 태우는 모양이었다.

아버지와 함께 탑승한 아들은 버스에 타자마자 칭얼거렸다. 언어는 이해할 수 없었지만 좌석이 불편하다거나 냄새가 심하다는 말이 아니었을까? 아버지는 나긋나긋한 목소리로 아이를 달랬다. 칭얼거리는 아이를 부드럽게 다독이는 낮은 목소리는 무려 세 시간 동안이나 이어졌다. 어느 나라의 부모님이건, 자식에 대한 사랑은 놀랍다.

## 트레킹 동료들이 모이다

몇 시간이나 잤을까, 벌써 동이 터오고 있었다. 곧이어 버스가 멈춰 섰고 사람들이 웅성대기 시작했다. 다들 짐을 챙기는 것을 보니 사파에 도착한 모양이었다. 하노이 정류장에서 만났던 기자님 말씀대로 사파 쪽 날씨는 그다지 좋지 않았다. 창밖은 온통 안개로 햇빛조차 보이지도 않았다. 하노이에서는 괜찮았던 홑겹 저고리가 잔뜩 안개 낀 이곳에서 조금 춥게 느껴졌다.

'여기에서 내리면 되나? 내린 다음에는 누구를 찾아야 하지?'

수많은 질문들을 뒤로하고 짐을 챙겨 버스에서 내렸나. 내 뒤로 이제 막 잠에서 깨어나 상황파악을 못한 서양인 여행객이 혼자 두리번거리고 있었다. 그러자 버스회사 직원이 빨리 내리라고 다그치며 소리쳤고, 불쌍한 그 친구는 "오케이, 오케이"를 연발하며 허둥지둥했다. 그 모습을 보니 초등학교 때 수학여행이 떠올랐다. 경주에 도착해 들뜬 우리들에게 빨간 모자를 쓴 인솔자 아저씨는 이렇게 말했다.

"학생들! 지금 여기 놀러왔습니까?"

덩치 큰 아저씨는 설렘에 밤잠 설친 우리에게 줄맞춰 똑바로 서라고 윽박질렀다. 분위기가 이상했다. 우리의 마지막 버팀목이었던 선생님들은 우리가 처한 부당한 상황에는 관심이 없는 듯 보였다.

저는 여기 놀러왔는데요? 이 한마디가 목구멍에서 나올락 말락 했지만 입 밖으로 내 놓았다간 본보기로 흠씬 두들겨 맞을 것 같아 아무 말도 하지 못했다. 슬리핑버스의 직원을 보니 20여 년 전 그 아저씨가 생각나는 것은 왜일까.

하노이에서 만났던 태국 친구들은 시내 호텔로 이동할 거라며 동행을 권유했지만 나는 작별인사를 했다. 택시를 타고 떠나는 친구들 뒤로 이제 나만 혼자 남았다. 뭘 어떻게 해야 할지 몰라 푸에게 전화를 했다.

"푸! 사파에 도착했어! 나 이제 어떻게 해야 해?"

"미루, 잘 도착했어? 누가 널 데리러 나와 있을 텐데…. 잘 찾아봐! 내가 연락해 뒀어."

푸는 새벽이었지만 피곤한 기색도 없이 전화를 받았다. 미안하고 고마운 마음이 교차했다. 푸와 통화한 후 나를 기다리는 사람을 찾아 여기저기 기웃거렸다. 이리 왔다 저리 갔다 한 10분쯤 반복했을까? 처음 내렸던 곳과는 다른 곳의 버스 앞에서 'Miru, Kwon'이라고 적혀 있는 피켓을 발견했다.

"안녕하세요, 제가 권미루예요! 많이 기다렸어요?"

"아! 드디어 만났구나. 계속 찾았어요. 버스가 갑자기 한꺼번에 도착해서요."

홉(Hop). 사파 지역 흐멍족인 그녀의 이름이었다. 까무잡잡한 얼굴에 하나로 낮게 묶은 긴 머리에 빨간 재킷을 입고 있었다. 그녀는 예약 고객들의 이름이 적힌 종이를 들고 오토바이를 탄 채 주변을 맴돌고 있었다. 내가 헤매는 동안 홉도 헤맸겠구나 싶어 미안한 마음이 들었다.

이곳에는 나뿐만 아니라 몇 명의 여행자가 잠이 덜 깬 모습으로 서 있었다. 이 중에는 커플끼리 온 사람도 있었지만 나처럼 혼자 온 여행객도 있었다. 우리는 서로 어색하게 거리를 두며 걸었다. 그러다 독일에서 온 게릭과 이야기를 나누게 되었다. 그는 혼자 여행을 왔고, 다낭을 거쳐 하노이로 올라왔다고 했다. 슬리핑버스를 타고 사파에 도착했는데, 잠자리가 무척 불편했던 모양이었다. 이윽고 버스에서 내려 길을 잃었던 마지막 트레킹 여행자인 이나스가 도착했다.

## 한복과 고무장화

8시 20분. 홉은 생각보다 트레킹 출발이 늦었다며 조바심을 냈다. 본격적인 출발 전에 홉은 우리를 등산용품 가게로 데려갔다.

"비가 올 수도, 안 올 수도 있어."

만약을 위한 마지막 대비를 할 수 있는 곳이었다. 등산양말, 등산화, 배낭, 우비, 방수 커버, 바람막이 등 없는 것이 없었다. 거의 모든 제품이 유명 브랜드의 상표만 붙인 이미테이션이었다.

홉은 내 신발을 보더니 한마디 했다.

"그 신발루 괜찮겠어? 비가 많이 와서 푹푹 빠질 거야."

"어떻게 하면 좋을까? 난 이 신발 말고는 가진 것이 없는데."

홉은 잠시 고민하더니 내게 속삭였다.

"그럼 여기 고무장화를 빌려서 신어. 신발을 사자마자 신는 것은 위험해. 내가 잘 말해볼게."

오, 그런 아이디어가!

등산화를 길들이지 않고 신으면 발목과 발가락이 다칠 수 있다는 것을 나도 잘 알고 있었다. 메마른 땅이었다면 흑혜도 괜찮았겠지만, 문제는 비에 젖은 축축한 땅이었다.

홉이 초록색 고무장화를 흔들며 빙긋 웃어보였다. 딜에 성공했다는 뜻이었다. 나는 흑혜와 버선을 비닐봉지에 넣고, 등산양말과 초록색 고무장화를 장착했다. 다행히 발에 딱 맞았다. 이대로라면 비가 쏟아져도 걱정이 없을 것 같았다.

## 앗, 내 배낭이 데굴데굴

독일에서 그래피티 작가로 활동하고 있는 게릭, 콜롬비아에서 의사로 일하는 데이빗과 로라, 슬로바키아에서 기업컨설턴트로 일하는 이나스, 칠레에서 온 크리스, 커플인 토마스와 시몬, 그리고 한국에서 온 한복 덕후이자 진로컨설턴트인 나. 우리들의 트레킹, 그 시작은 평범한 산길이었다. 분명 어제까지 폭우가 쏟아졌다고 했는데 생각보다 길이 괜찮았다. 군데군데 물웅덩이가 있었지만 흙은 거의 말라 있었다. 가끔 친구들이 웅덩이에 발이 빠져 흠뻑 젖는 동안에도 나는 고무장화의 기운으로 여봐란듯이 씩씩하게 앞장섰다.

날씨는 쌀쌀했고, 공기에서 물기가 느껴졌다. 햇빛이 아주 잠깐 얼굴을 내밀었다가 이내 회색빛 구름 뒤로 숨어 버렸다. 트레킹은 주변 풍경을 느끼면서 걷는 여정이다. 계단식 논과 밭, 베트남의 시골 농가와 나무, 숲 등

서정적인 풍경들이 눈으로, 마음으로 들어왔다.

야트막한 내리막을 내려오는데 갑자기 내 등에서 뭔가가 굴러 떨어져 내렸다. 아뿔싸! 내 배낭이었다. 새로 산 지 하루 만에 어깨끈이 끊어져버린 것이다.

"아이고 어떡해!"

내 배낭은 데굴데굴 빠른 속도로 나에게서 멀어지고 있었다. 망연자실한 표정으로 우뚝 멈춰 있는 내 주변으로 걱정하는 눈빛들이 모여 들었다. 누군가 배낭을 주워다 주었다.

"이거 하노이에서 어제 산 건데."

우울한 표정으로 한마디 내뱉자, 데이빗이 의심의 눈초리로 물었다.

"그렇다면… 이거 가짜?"

"응."

"나도 사려다 말았는데, 안사길 잘했네. 하하하."

데이빗이 뜯겨나간 어깨끈을 솜씨 좋게 묶으며 말했다. 균형이 잘 안 맞았지만 멜 수 있어 다행이었다.

"하마터면 머리에 이고 갈 뻔했어. 데이빗, 고마워. 나의 은인이야."

"데굴데굴 굴려서 기저가는 것도 괜찮았을 텐데. 흐흐흐흐."

데이빗이 장난스레 한쪽 눈을 찡긋했다. 자신감과 패기가 넘치는 데이빗은 유머와 친절도 넘쳐흘렀다.

## 베트남 모자 사용법

산등성이를 따라 걷다 안개덩어리를 만났다. 순간 사방은 뿌연 물방울 입자들로 가득 찼다. 간간이 비가 내리기도 했다. 우의가 배낭 속에 들어있었지만, 멈춰 서서 꺼내 입는 시간이 아까웠다. 그래서 햇볕을 가리기 위해 구입한 논을 쓰고 비를 피하기로 했다. 대나무와 나뭇잎을 재료로 만든 논은 튼튼해보였지만 비가 젖을까봐 걱정이었다. 베트남의 전통 삿갓인 논을 어쩌면 함부로 사용하고 있는 게 아닐까? 불안한 마음이 들어 얼른 홉에게 달려가 논의 활용 방법에 대해 물었다.

"미루는 지금 아주 훌륭하게 사용하고 있어!"

홉이 씽긋 웃으며 말했다. 베트남 사람들은 논을 비가 올 때 우산 대신 사용하거나 물을 떠먹는 용도로도 활용한다고 했다. 순간 머릿속에 '패랭이'가 떠올랐다. 양반들이 갓을 써서 예의를 갖췄다면 보부상들은 직업적 표식으로 패랭이를 쓰고 다녔다. 그러고 보니 논과 패랭이는 대나무가 재료라는 공통점이 있었다.

“우리도 네 모자 써볼 수 있어?”

데이빗과 로라가 내 논을 탐냈다. 나는 논을 빌려주며 베트남에 온 이상 꼭 하나 사야 한다고 강력하게 주장했다. 가만히 상황을 지켜보고 있던 크리스는 하노이보다 호치민, 다낭에서 훨씬 저렴한 가격으로 논을 구입할 수 있다는 정보를 알려주었다. 베트남을 떠나면 언제 다시 구입할 수 있으랴! “날이면 날마다 오는 기회가 아니야.”를 외치는 내 말에 데이빗과 로라는 거의 반쯤 넘어온 것 같았다.

## 새끼 돼지랑 사진 찍고 싶어

산을 개간하여 경작한 계단식 논은 사파의 큰 볼거리다. 우리나라에도 같은 형태의 논이 있는데, 언젠가 유자막걸리를 맛보러 남해 다랭이마을에 갔다가 본 적이 있다. 순간 레드카펫이 펼쳐진 계단식 논을 유리 구두에 한복차림으로 우아하게 걸어 내려가는 상상을 했다. 그러나 현실의 나는 유리 구두는커녕 녹색 고무장화를 신고 있었다. 초능력을 배울 수만 있다면 순간이동으로 단숨에 내려가고 싶었다.

서서히 안개가 걷히면서 시야가 넓어졌다. 산등성이마다 개간된 논은 산의 근육처럼 보였다. 촉촉한 공기와 신선한 풀냄새가 마음을 맑게 했다. 가끔 우리의 트레킹 경로에 닭이나 개와 같은 불청객이 난입하기도 했다. 이곳에서 나고 자라 나보다 훨씬 사파에 대해서 잘 알고 있는 터줏대감 동물들의 뒤를 졸졸 따르는 것은 꽤 즐거운 경험이었다.

산꼭대기에 걸쳐있는 솜털 같은 안개가 맘에 들었는지 데이빗은 연신 사진을 찍었다. 호기심 많은 데이빗은 인가 근처를 지나면서 새끼돼지를 보고 소리쳤다.

"나 저 돼지랑 사진 찍고 싶어!"

로라는 괜찮겠냐며 데이빗을 말렸지만 그는 거침없었다. 미끄럼 타듯 부드럽게 내려가더니 뭔가를 먹고 있는 새끼돼지 근처까지 다가갔다. 우리는 휘파람을 불며 환호성으로 그를 응원했다. 로라는 그에게 건네받은 휴대폰을 열었고, 데이빗은 양손으로 V자를 그리며 포즈를 잡았다. 그때였다.

"꾸에에엑! 꿰꿰!"

새끼돼지가 돌연 몸을 돌려 날카로운 소리를 내기 시작했다. 데이빗의 표

정이 순간 어두워졌고 지켜보던 우리도 덩달아 긴장했다. 맙소사! 돼지가 발버둥 치며 공격적인 자세를 취했다. 갑자기 데이빗이 돼지의 반대쪽으로 줄행랑쳤다. 별로 가파르지 않은 언덕이었는데도 그의 표정은 필사적이었다. 조금 떨어진 곳에서 상황을 지켜보던 우리도 갑자기 무서운 생각이 들어 소리를 지르며 내달렸다. 어느새 데이빗은 우리를 한참 앞서 있었다. 우리는 깔깔 웃으며 달리기를 멈추지 않았다.

## 소수민족 흐멍족 사람들

우리의 여정에는 흐멍족 여성들이 함께 했다. 밝은 색감의 한복과는 달리 무채색의 전통옷을 입고 우리를 따랐다. 그들이 입은 전통옷은 여밈이나 끈, 바지를 묶는 방식에서 한복과 비슷했다. 어깨 쪽 매듭을 짓는 상의를 안에 입고 겉옷을 겹쳐 입는 방식도 낯설지 않았다. 여기에 전통 신이 아닌 슬리퍼를 신고 벙거지 모자를 쓴 모습에서 전통과 현대의 조화를 느낄 수 있었다. 그들의 모습을 보니 한복에 배낭을 메고 고무장화를 신은 내 모습이 자연스럽게 느껴졌다.

그들은 우리와 함께 걸으며 풀을 슥슥 매만져 하트 모양 요술봉을 만들어 주거나 직접 만든 팔찌와 머리띠, 가방, 액세서리 같은 것들을 판매했다. 그것은 흐멍족의 생계수단 중 하나였기 때문에 트레커들을 상대로 열심히 물건을 팔았다. 대부분 조악한 것들이어서 나는 큰 관심이 없었지만, 열심히 구경했다. 머리띠를 좋아하는 시몬은 흐멍족들의 꾸러미를 누구보다도 관심 있게 살펴보았고, 여러 개를 한꺼번에 구입했다. 따뜻한 마음씨를 가

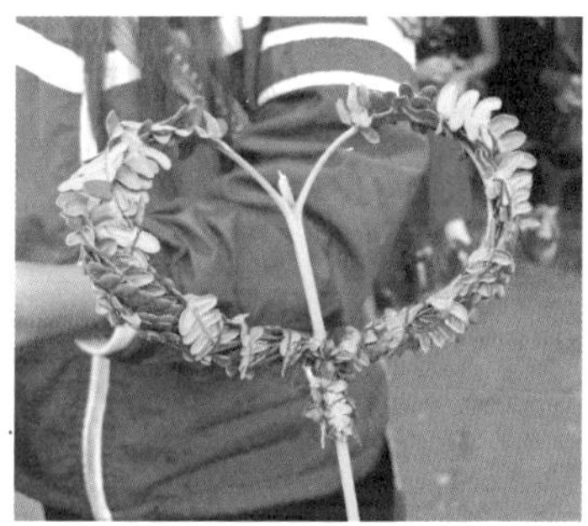

진 그녀는 가방 속에 흐멍족 아이들을 위한 연필, 펜, 지우개들을 가득 담아왔다. 20대 초반의 흐멍족 엄마에게 집에 있는 아이들에게 가져다주라며 한 뭉치를 건네기도 했다. 가방 속 가득 넣어온 선물들을 나눠주며 환히 웃는 시몬은 그야말로 천사였다.

간간이 쉬는 지점마다 흐멍족은 우리를 반겼다. 자신의 물품을 내밀면서 사달라고 말을 걸기도 하고 물건을 다짜고짜 내밀어 당황하기도 했지만, 목욕탕에서나 신을 법한 고무 슬리퍼를 신고, 맨발의 아이들에게 풍선을 불어주는 중년여성의 모습에서 친밀감이 느껴졌다. 어느 산등성이에서 아이를 등에 업고 사탕수수를 자르고 있던 흐멍족 여성은 우리들에게 껍질을 벗긴 사탕수수를 덥석 내줬다. 단내가 폴폴 나는 사탕수수는 맛이 아주 좋았다. 어릴 적, 학교와 아파트 지천에 널려 있던 샐비어를 따서 단물을 빨아 먹던 게 떠올랐다. 그때도 참 달고 맛있었는데.

데이빗은 흐멍족 아이들의 교육에 대해 궁금해 했다. 중간 중간 만나는 아이들 대부분이 맨발에 지저분한 모습으로 물건을 팔고 있었기 때문이다. 홉은 흐멍족 아이들이 학교를 다니긴 하지만 중학교 이후부터는 진학률이 많이 떨어진다고 했다. 홉의 경우 일찌감치 여행 가이드로 진로를 잡고 영어공부를 시작했다고 했다. 물론 한국처럼 학원을 다니거나 교육 시스템을 통해서 공부를 한 것은 아니었다. 순전히 독학으로 공부했지만 홉의 영어 실력은 매우 훌륭했다.

## 하나만 사 주세요

점심식사를 하러 가파른 길을 따라 마을로 들어갔다. 넓은 신작로 왼쪽 편에는 커다란 상수도관이 길을 따라 설치돼 있었다. 사람보다 크고 두꺼운 모습에 위압감이 느껴졌다. 아름다운 녹색 풍경에 옥의 티였으나 마을 주민들에게는 생명수인 물이 공급되는 통로였다. 산중에 있는 작은 마을에는 도시 아이들도 부러워할 만한 녹색 인조 잔디 축구장이 있었다. 남자 아이들은 축구장에서 신나게 공놀이를 즐기고 있었다. 축구선수가 기부한 돈으로 만든 축구장인 걸까? 언젠가 이곳 초등학교에 와서 아이들과 그림 수업을 하고 싶다는 생각을 해 보았다. 아니면 함께 벽화를 그리거나, 진흙탕에서 함께 노는 것은 어떨까? 한복 종이접기나 색칠공부도 함께 할 수 있는데….

우리는 곧바로 마을에 있는 여행자 식당으로 들어갔다. 내부에는 이미 많

은 여행객들이 식사를 하고 있었다. 널찍한 식당 벽면은 벽돌로 이어 붙였고, 천장은 슬레이트판과 나무로 지지해 두었다. 꽤 넓은 공간이지만 짓다 만 건물처럼 부실해 보였다. 그래도 마을 사람들이 벽돌 한 장씩, 나무 사다리를 타고 위험하게 올라앉아 완성했을 것이다.

우리가 들어서자마자 이 마을의 흐멍족 여자아이들과 여성들이 싸구려 기념품을 팔기 위해 우르르 모여들었다.

"하나만 사 주세요. 제발요."

물건을 팔러 오는 사람들은 모두 여성이었다. 유치원생, 혹은 초등학교 저학년쯤 돼 보이는 여자아이부터 젊은 새댁, 할머니까지 연령대가 다양했다. 이미 앞서 우리는 수많은 흐멍족 상인들을 만난 터였다. 그들은 하나라도 더 팔기 위해 매번 우리에게 다가와 말을 걸었고, 거의 반나절을 그들에게 시달린 우리는 조금 지쳐 있었다.

흐멍족들은 나 같은 아시아인들보다는 서양인들에게 더 적극적으로 무언가를 팔아보려 애썼다. 내 바로 앞에 앉아 있던 시몬은 그들과 눈을 마주치며 관심을 보였다. 우리 곁에 머물던 아이들은 시몬 쪽으로 몰려갔고 그 덕에 나는 이나스와 토마스와 함께 잠시 여유를 찾고 식사를 할 수 있었다.

## 엑소 팬이에요!

호아찬(Hoachanh) 가족이 살고 있는 곳에서 하루 묵기로 했다. 도착하고 짐을 풀자마자 안주인 찬이 녹차를 내왔다. 베트남 전통 그림이 그려진 주전자에 작은 찻잔은 꽤 잘 어울렸고, 노착의 여흥을 즐기기에 충분했다.

산속 깊은 타반 마을에서도 한복의 인기는 상상 이상이었다. 찬의 친척인 반은 한국으로 치자면 중학교 2학년생이었다. 그는 나를 보자마자 한달음에 달려와서 아는 척을 했다.

"와! 한복 입었네요!"

"어떻게 한복이란 걸 알았어?"

"TV에서 봤어요."

매스미디어의 힘은 실로 대단했다. 한국에서 하노이까지 4시간 30분, 하노이에서 사파까지 버스로 6시간, 사파 시내에서 타반 마을까지는 식사시간 빼고 4시간 가량. 총 13시간 이

상이나 떨어져 있는 작은 마을의 소녀가 '한국'과 '한복'을 정확한 발음으로 표현하는 것에 감동을 느꼈다. 하지만 그게 다가 아니었다.

"전 엑소 팬이에요!"

반이 발그스레한 얼굴로 말했다. 좋아하는 스타에 대해 말하는 반은 한국의 여느 팬들과 다르지 않았다. 만약 엑소가 한복을 입고 공연을 한다면 어떨까? 멋있는 것은 물론, 한복 역시 세계적으로 유명해질지도 모르겠다.

찬이 저녁식사를 준비하는 동안 우리는 찬의 아들이자 귀염둥이 꼬마에게 마을 안내를 부탁했다. 영어를 잘 못해서 의사소통이 되지는 않았지만, 녀석이 어찌나 눈치코치가 빠르던지! 우리는 함께 좁은 오솔길을 걸었다. 하얀 자갈이 가득한 작은 강가를 지나다가 한국어 가사가 흘러나오는 음악 소리를 듣기도 했다. 그래서였을까. 이국적이면서도 친근한 느낌이 들었다.

때마침 타반 초등학교에서 학생들이 쏟아져 나왔다. 우리는 아이들의 모습을 흐뭇한 표정으로 바라보았다. 특히 시몬은 누구보다 밝은 표정으로 아이들과 거리를 좁혀갔다. 그런데 아이들이 몰려든 곳은 시몬 쪽이 아니었다. 그들은 내게로 다가와 손가락으로 한복을 가리키며 정확한 발음으로 소리쳤다.

"한복! 코리아!"

나는 이날 타반에서 최고 인기 여행객이 되어 있었다.

## 타각타각, 젓가락질 자랑

저녁으로 채소볶음, 버섯볶음, 짜조(베트남식 튀김만두), 닭고기, 감자 등이 큰 접시에 푸짐하게 담겨 나왔다. 음식은 뭐 하나 빼 놓을 것 없이 모두 맛있었다.

홈스테이 운영자인 찬은 호탕한 성격의 여장부였다. 우리에게 음식을 가져다 준 뒤 얼마나 잘 먹고 있는지 매의 눈으로 살피고, 맛없으면 음식을 다시 하겠다며 큰소리쳤다. 자신감만큼이나 음식은 더할 나위 없이 맛있었다. 나는 젓가락으로 맛있는 음식을 집어 입 속에 넣고 있었지만, 나를 빼고는 모두 서양인이라 젓가락 사용이 꽤 불편해 보였다.

"젓가락질 못하네?"

찬이 데이빗에게 핀잔을 주었다. 손가락으로 젓가락을 끼워 잡는 법을 몇 번이나 설명했지만, 나를 제외한 모든 친구들은 젓가락을 손에 이상하게 끼운 채 밥을 먹었다. 이나스는 스시를 먹기 위해서 젓가락질을 배웠지만, 쉽지 않다고 말했다. 연필 쥐듯 움켜쥐고 밥을 먹는 친구도 있었다.

"미루를 봐. 저렇게 하는 거야."

찬이 나를 가리키자 나는 더욱 능숙하게 젓가락질을 했다.

"타각타각."

식탁에서 열심히 음식을 집다 실패한 친구들은 능숙하게 젓가락을 오므렸다 벌리는 나를 보며 부러움의 눈길을 보냈다. 선망의 눈빛에 젓가락을 내 머리 위에 들고 더 크게 타각타각 해보였다.

"오~~"

감탄의 소리가 여기저기서 들려왔다.

## '섹시 베이비' 지구촌 춤판 한마당

저녁을 먹은 후 난데없는 '춤 파티'가 벌어졌다. 데이빗은 안주인 찬과 함께 라틴댄스를 추기 시작했다. 춤판의 여흥에 박수가 절로 나왔다. 작은 키의 찬에 비해 머리 두 개 정도는 더 큰 데이빗의 몸은 상대적으로 거대하게 느껴졌다. 찬의 손을 잡고 오른쪽 왼쪽으로 몸을 돌리는 데이빗의 엉덩이가 리드미컬했다.

'저것은 엉덩이 무브먼트?'

대학생 때 댄스 스포츠를 조금 배웠던 적이 있다. 당시 선생님은 한국 사람들의 힙 무브먼트가 너무 정적이라는 말씀을 하셨다. 몸을 흔들어 자신을 표현하는 자신감이 중요한 댄스에서 소극적인 몸짓을 취할수록 멋이 나지 않는다는 말씀도 하셨다. 그때는 그냥 그런가보다 했는데 지금 데이빗의 모습을 보니까 생생하게 떠올랐다. 바로 저거였어!

다음 주자는 시몬이었다. 찬이 바통을 넘긴 것이다. 시몬은 데이빗의 손과 허리춤을 잡고 그의 현란한 리드에 몸을 맡겼다. 그 시각, 시몬과 함께 같은 집에서 살고 있다는 토마스는 시몬이 데이빗의 손을 잡고 춤을 추거나 말거나 상관하지 않고 부엌에서 설거지를 돕고 있었다. 한국인 커플 같았으면 바로 헤어져서 짐 싸고 집에 간다고 했을 상황이었다. 두 장면을 동시에 지켜보던 나는 터져 나오는 웃음을 참을 수가 없었다.

데이빗은 숨을 헉헉대며 자리에 앉았고, 즐거움에 취해있던 우리는 2차로 술 파티를 벌였다. 알코올이 조금 들어가자 데이빗은 여전히 춤을 추고 싶어서 안달 난 표정이었다. 데이빗의 춤에 감동받은 나는 대학생 시절 배운 댄스 스포츠를 알려 주기로 했다. 발 순서나 자세를 가르쳐 주려는데, 여자 포즈밖에 배운 것이 없어서 제대로 알려줄 수가 없었다. 왼쪽 발을 고정한 채 오른쪽 발을 앞뒤로 움직이면서 스텝을 밟아야 하는데, 데이빗과 나는 서로의 발을 밟기 바빴다. 그 때문에 몹시 아팠다. 우리는 삐걱거리는 호두까기인형처럼 어색하게 이리저리 움직였다. 팔 동작도 함께 설명했지만 생각처럼 잘 되지 않았다. 내 머릿속에 있던 아름다운 포즈는 느린 바람결에 날아가는 비닐봉지처럼 흐느적거리는 모습으로 재현되었다.

“아 미안, 그런데 이거 잘 추면 진짜 멋있어.”

우리의 이 모습이 코미디 프로그램의 몸 개그 같았는지 다들 저게 뭐냐며 웃고 난리가 났다. 그런데 더 기가 막힌 것은 데이빗이 싸이의 ‘강남스타일’을 알고 있었다는 거다.

“너 한국인이지! 한국 하면 강남스타일 아냐?”

2012년도 그 강남스타일? 한국인이 외국인에게 하지 말아야 할 질문 중에 하나인 ‘두유 노우 싸이? 두유 노우 갱냄 스타일?’을 데이빗이 나에게 하고 있었다. 역전된 상황에 잠시 당황해서 어버버 거리고 있자 찬이 센스 있게 끼어들었다.

“유튜브로 강남스타일 노래를 찾아서 함께 춤추자!”

잠시 정신이 혼미해졌다. 어떻게 추는 것이었더라. 거울 앞에서 세수도 안한 못생긴 얼굴로 강남스타일 음악에 맞추어 몸을 흔들어댔던 과거가 슬쩍 떠올랐다. 그냥 막춤을 춰야겠다!

“널 따라 할 거야, 미루.”

"그래, 한번 춰보지 뭐!"

누가 뭐라고 할 새도 없이 우리는 널찍한 거실에 둥그렇게 대형을 갖췄다. 음악이 흘러나왔고, 후렴부에 다다르자 우리는 "예에~ 섹시 베이베"를 외치며 말춤을 추기 시작했다. 말등에 앉아 머리 위로 채찍을 휘두르는 카우보이처럼 팔을 뱅뱅 휘저으면서 펄쩍펄쩍 뛰는 우리의 모습은 그야말로 집단 개그의 현장이었다. 나는 누구? 여긴 어디? 한국에서도 제대로 안 춰본 말춤을 이곳 산중에서 처음 보는 외국인들과 추다니. 대체 언제 적 강남스타일이냐고!

# 5장 몽골

## 말 타기에 좋은 한복은?

## 하루 종일 원 없이 말을 탈 수 있는 곳

몽골을 가고 싶었던 이유는 말 때문이었다.
말. horse. 馬. 따그닥따그닥.

몇 년 전 제주여행을 갔다가 말을 처음 타게 되었다. 안에 털을 넣어 만든 창의(조선시대 남자의 겉옷 중 하나)에 기모 레깅스를 입고 어그를 신은 채 말을 탔다. 아주 따뜻했고 편안했다. 하지만 난생 처음 동물의 등에 올라타 나의 모든 것을 맡긴다고 생각하니 굉장히 무서웠다. 말이 화가 나서 몸을 마구 흔들어 나를 떨어뜨리지 않을까? 내가 고삐를 놓쳐서 낙마하면 어찌 될까? 이런 생각을 하다 보니 아주 작은 반동에도 긴장했고, 말도 내 마음을 느끼는 것 같았다. 눈을 꼭 감고 소리를 지르면서 낯선 반응을 하는 나를 말은 어떻게 생각했을까. 한 시간 동안 풀밭과 진흙과 언덕을 함께 거닐었던 말 등에서 내린 후 나는 말의 눈을 한참이나 들여다보았다. 말의 콧등은 길었고, 털에는 땀이 배어 있었으며, 온기가 느껴졌다. 호흡이 전혀 맞지 않은 나를 등 위에 안전하게 태워준 것이 참 고맙게 느껴졌다.

집에 돌아와 말을 탈 수 있는 여행지를 검색했다. 그러다 발견한 문구 하나. '저렴한 비용으로 하루 종일 원 없이 말을 탈 수 있습니다.' 바로, 몽골이었다. 그날 밤, 나는 몽골 가는 비행기 티켓을 끊었다. 이번 여행은 내 인생의 동반자 R과 함께였다.

## 말 타기 좋은 한복 찾아 삼만 리

말을 타려면 어떤 한복을 입어야 할까? 여자들이 입는 한복은 저고리와 치마가 세트인데 아무래도 말을 타려면 사극에서 나오는 것처럼 남자들의 바지저고리 한복을 입어야 할 것 같았다. 그렇다고 흔히 신랑한복이라고 하는 배자(조끼형태의 한복)를 입고 싶지는 않았다. 엉덩이를 타고 흘러내리는 '자락'의 아름다움이 남자 한복의 매력이라고 생각하고 있던 나였다. 머릿속에 조선시대 무관들이 철릭, 도포자락을 펄럭거리며 말을 타는 환상적인 모습이 둥실둥실 떠올랐다. 그래! 이번에는 남자 한복이다!

네팔 히말라야 트레킹에서도 바지에 대한 고민을 했었다. 하지만 그때는 속바지에 긴 길이의 등산용 양말을 올려 신은 것뿐이었다. 발이 고정되니 움직임에 불편함은 없었지만 솔직히 보기에는 그리 좋지 않았다. 이번 몽골 여행에서는 좀 더 그럴듯하고 멋지게 차려 입고 싶었다. 각종 사이트와 검색 포탈에 남자, 한복, 승마, 말 등의 키워드를 넣고 열심히 검색해 보았다. 그 결과 결혼식이나 행사를 치를 때 입는 한복감들로 만들어진 한복들만 검색됐다. 좀 더 활동성 있고 막 입어도 괜찮은 재질의 남자 한복을 찾고 있던 나는 실망이 컸다.

어떻게 할까 고민하다가 직접 디자인해서 제작을 맡기기로 했다. 동대문에서 내가 원하는 옷감을 사다가 광장시장의 바느질방에 맡기면 될 것 같았다. 이미 경험이 있으니 두렵지 않았다. 나는 단골 가게 이모님께 전화를 드렸다.

"남자 한복바지를 다른 천으로도 제작 가능할까요?"

"가능하지. 근데 뭐에다 쓸라고?"

"말 타려고요."

이모님은 몇 초 동안 말이 없었다. 언제나 평범하지 않은 나의 주문이지만, 이런 제안은 처음 받아본다며 신기해 하셨다.

## 전통무예복과 기성한복과 커스텀한복의 조합

문제는 가격과 실용성이었다. 말을 타다 보면 분명 옷감이 많이 스칠 것이다. 또, 말에 타고 있긴 해도 다리는 말의 몸에 바로 닿기 때문에 동물의 유분이나 먼지 등이 묻을 수 있다. 아무래도 옷감을 선택하는 게 문제였다. 옷감 전문가가 아닌 나는 전화를 끊고 어떡해야 할까 한동안 멍하니 앉아 있었다. 그러다가 문득 오래 전에 배웠던 해동검도가 떠올랐다. 아, 전통무예 운동복이 있었지!

검색창에 태권도, 해동검도, 택견 등 전통무예를 검색해서 사이트를 모두 방문했다. 그리고 어떤 도복을 입는지도 찾아보았다. 전통무예 도복은 기성품인 만큼 사이즈도 다양하고 비용도 그리 비싸지 않을 것 같았다.

내 예감은 적중했다. 발목 부분이 흐물흐물하지 않고 바짓부리 밑단을 잡아주는 행전(한복바지 아랫단이 너풀거리지 않게 잡아주는 용도. 바지 정강이 쪽에 꿰매 무릎 아래에 맨다)도 함께 입을 수 있으면 좋겠다고 생각했는데, 택견 도복이 딱이었다. 쇼핑몰에서 도복 한 벌을 주문하고 택배가 도착하기만을 기다렸다.

사흘을 기다려 받은 택견 도복은 흔히 남자한복의 철릭(조선시대 무관들이 입었던 겉옷으로 허리 아래가 주름 잡혀 있는 형태) 모양이었다. 저고리, 바지,

버선, 대대까지 한 세트로 온 상품들을 살펴보니 천 자체가 신축성이 있고 탄탄한 재질이라 쉽게 찢어지거나 상할 것 같지 않았다. 특히 버선은 광장시장에서 판매하는 것과는 달리 좀 더 도톰하고 질겼다. 여기에 행전까지 붙어있는 바지는 내가 생각했던 말 타기용 한복 형태 그대로였다. 여기에 내가 디자인한 면저고리(히말라야 트레킹 할 때 입었던 것)와 창의 기성복을 걸치니 얼추 생각했던 느낌이 나왔다. 여기에 흑혜를 신으면 말 타는 데에는 전혀 문제가 없을 것이다. 준비를 다 마치고 나니 자면서도 웃음이 나올 정도로 기분이 좋았다.

## 홉스굴, 푸르름 가득한 호수 휴양지

몽골 사람들이 힐링하러 온다는 곳, 바로 홉스굴이다. 몽골의 수도인 울란바토르에서 비행기로 한 시간이면 도착할 수 있는 곳이었다. 비행기를 기다리는 동안 나는 몽골 현지 꼬마들의 사진 공세에 응해야 했다. 꼬마들은 내 한복을 보고 공주 옷이라고 생각하는 듯했다. 주변 어른들의 손을 잡고 와서 이 언니와 사진을 찍고 싶다고 졸라대는 것이다. 나는 못 이기는 척 아이들을 양손으로 안고 함께 카메라를 바라보았다.

홉스굴에 도착해 공항을 벗어나자 메마른 갈색 땅과 나무와 풀, 까만색 봉우리들이 교차해 지나갔다. 홉스굴은 커다란 호수와 울창한 산림으로 둘러싸인 곳으로 몽골의 아름

다움을 그대로 느낄 수 있는 매우 유명한 휴식처였다. 몽골의 지형 대부분이 풀 없는 메마른 땅이지만, 이곳은 푸르름이 가득했다. 끝이 보이지 않는 바다 같은 호수, 폭신한 잔디와 넓은 들판이 펼쳐져 있었다.

홉스굴의 여행자 캠프의 대장님은 초카 아저씨였다. 한국의 안양에서 일을 한 경험이 있는 그는 한국어가 매우 능숙했다. 초카의 아내는 일본어를 잘하고, 아들 마스카는 영어를 잘했다. 그야말로 글로벌 가족이었다.

홉스굴에서 며칠 지내려면 수건이나 먹을거리 등을 준비해야 한다. 근처에서 판매하는 곳도 있기는 하지만 가격이 비싸기 때문이다. 초카 아저씨는 우리를 공항 근처에 있는 현지인 시장으로 안내했다. 시장에는 몽골 현지 백화점처럼 휴지, 샴푸, 종이컵, 음료수, 과일 등 없는 것 없이 다양했다. 우리는 초카 아저씨 덕분에 필요한 물건을 저렴하게 구입했다. 초카 아저씨는 홉스굴에 있는 내내 통나무집 주호(몽골식 화로)에 들어가는 나무 장작에서 식사준비까지 많은 도움을 주셨다.

## 말 위에서 만난 한복과 델

초카 아저씨가 소개해 준 마부는 햇볕에 그을린 얼굴에 주름이 가득한 보야 아저씨였다. 보야는 몽골 전통복장 '델'에 카우보이모자를 쓰고 나타났다. 흰색 말과 갈색 말의 고삐를 나무 기둥에 묶어 놓은 채로 우리를 기다리고 있던 그는 내 한복을 신기해했다. 하지만 나는 정작 그의 차림이 신기했다. 그는 짙은 올리브그린 색에 노란 허리띠를 매고 있었다. 조선시대 우리나라 관리들이 입었던 옷을 보면 오른쪽 어깨를 매듭으로 고정시켜 입는 게 주된 방식이었다. 이런 형태의 옷을 중국이나 몽골, 베트남에서도 찾아볼 수 있었다. 커다란 옷을 대충 걸쳐 입었다는 인상을 주지만 나름대로 이유가 있을 것이다. 거기에 카우보이들이 즐겨 쓰는 모자에 단단해 보이는 신발까지, 현대식 몽골인의 옷차림에 눈이 휘둥그레졌다.

보야 아저씨는 영어를 못하고, 나는 몽골어를 전혀 못해서 서로의 복장에 대해 이야기꽃을 피울 수는 없었다. 우리는 어쩔 수 없이 수신호나 감탄사에 의존해야 했다. 아저씨는 내게 꼬리가 길어 치렁거리는 갈색 말을, R에게는 새침한 아가씨 같은 흰색 말을 배정해 줬다.

언젠가 제주의 숙소에서 만났던 말이 생각났다. 예쁜 치장을 하고 마차를 끌 준비를 하고 있던 말은 가죽 눈가리개를 한 채 당근을 우물거리고 있었다. 평야를 거침없이 뛰어다니는 게 아닌 매일 정해진 코스로 마차를 끌어야 하는 말의 운명이 안타깝게 느껴졌다. 갈기가 있는 평평한 목 부위에 살짝 손을 올려놓자 팔딱팔딱 심장이 뛰는 게 느껴졌다.

이듬해, 제주의 한 승마장에서 만난 흰 말은 9살이었다. 처음에는 동물에게 내 몸을 맡겨야 한다는 사실이 낯설어 무섭기만 했다. 하지만 말과 함께 야트막한 언덕을 걷고, 진흙탕을 걷다보니 금세 적응이 됐다. 작은 농원이 아닌 넓은 평야를 말을 타고 쌩쌩 달리고 싶어졌다. 그래서 온 곳이 바로 몽골의 초원이었다.

왼쪽 등자에 흑혜를 신은 발을 걸고, 오른발로 땅을 힘차게 굴렀다. 한 번에 말 위에 착석하자 심장의 두근거림이 빨라졌다. 손바닥을 넓게 펴 말의 갈기와 목덜미를 쓰다듬었다. 따뜻한 기운이 온몸을 타고 흘렀다. 허벅지와 다리에 힘을 주고 말의 허리를 꽉 죄었다. 야무지고 탄탄한 근육이 느껴졌다. 말은 천천히 평보를 시작했다. 그러자 전혀 다른 세계가 펼쳐졌다. 내 키가 훌쩍 커진 것은 물론이고, 자동차를 타고 달리는 것과는 비교할 수 없는 색다른 경험이었다. 사극에서처럼 한복 자락을 우아하고 멋지게 휘날리며 말을 타는 것이 나의 소망이었다. 하지만 드라마와 현실은 달랐다. 실제로는 말이 불안함을 느끼지 않도록 엉덩이에 자락을 꼭꼭 넣어 깔고 앉아야 했다. "다그닥 다그닥." 바닥을 경쾌하게 울리는 편자(말발굽을 보호하기 위한 쇠붙이 도구)소리가 내 심장 박동소리와 함께 울렸다.

나의 갈색 말은 멋지고 도도했다. 아주 귀한 손님을 태우고 지방 행차를 나가듯 말은 씩씩하게 한 걸음 한 걸음 내딛었다. 잔디 위에 아무렇게나 누워 있던 야크들은 사람을 무서워하지 않았다. 하지만 말이 나타나면 무거운 몸을 일으켜 길을 내주었다. 만일 내가 알짱거렸다면 위협적인 소리를 냈을 야크들이 귀를 축 늘어뜨리고 슬금슬금 피하는 꼴을 보니 웃음이 났다. 내 말은 먹성이 좋았다. 흙길에 올라서 나무와 풀이 울창한 숲에 들어서자 입가에 닿은 풀을 마구 뜯어먹기 시작했다. 그 모습은 진공청소기가 바닥에 있는 물건들을 닥치는 대로 흡입하는 장면과 비슷했다. 푸르렀던 덤불들이 순식간에 황폐해지는 모습을 보자 웃을 수도 울 수도 없었다. 그

저 '배가 많이 고팠구나, 우쭈쭈.'할 수밖에.

"초, 초오~"

보야 아저씨의 구령에 말의 걸음이 빨라졌다. 이게 몽골식 말 구령이구나. 나도 따라서 우물거려보았다. 아저씨는 뒤를 돌아보며 손으로 동그라미를 만들어 보이곤 고개를 끄덕였다. 말에게는 한 걸음이 나에게는 다섯 걸음쯤 되는 것 같았다. 사람의 걸음이 안단테(느리게)라면, 말의 걸음은 알레그로(빨리, 활발하게)였다. 바람의 세기도 마찬가지였다. 내 머리카락이 사정없이 흩날리고 있었다.

"초오, 초오호오!"

말들은 구령소리를 알아듣고 천천히, 그리고 빠르게 달리기 시작했다. 잔

잔했던 수면 위에 한순간 거센 물결이 들이닥친 것 같았다. 내 키보다 몇 배나 큰 커다란 물의 벽은 해일처럼 크게 일어나 말과 나를 집어 삼키고 빙글빙글 어디론가 데려가고 있었다. 나의 말은 바람을 가르고 달렸다. 넓고 광활한 풍경을 파노라마 사진으로 촬영하듯 길고 빠른 장면이 휙휙 지나갔다. 호수 근처인데도 바람결에 짠맛이 느껴지는 것도 같았다. 나는 허벅지를 말의 허리에 밀착되도록 더 힘을 주었다. 상체를 낮추고 말의 갈기가 얼굴 근처로 스치는 것을 느낄 때면 내가 말이라도 된 것 같았다. 말과 함께 푸른 잔디 위를, 홉스굴 호숫가를 정신없이 내달렸다. 얼굴로 쏟아지는 바람을 마시다보니 몸이 끝없이 부푸는 것 같았다. 이대로 둥실둥실 하늘로 날아가 버릴 것 같았다.

## 소달구지를 타고 흑혜를 흔들며

몽골 테를지 개울에서 처음으로 맞닥뜨린 것은 물에 빠진 4륜 SUV 차량이었다. 비로 수량이 불어나 있는 곳을 급히 지나다 침수돼 버린 것이었다. 혹시나 차가 빠져 나갈 수 있을까 기대를 걸고 있던 여행자들은 차가 물에 잠겨 엔진이 완전히 꺼지고 나서야 사태의 심각성을 느끼고 밖으로 나오기 시작했다. 더 큰 차가 와서 물에 빠진 차를 고리에 걸어 물 밖으로 끌어낸 다음에야 이곳은 다시 평화를 되찾았다.

사고현장을 구경하면서 우리는 오늘 묵을 게르의 소달구지를 기다렸다. 애초에 이 개울을 차로 건널 생각이 없었던 빠기 아저씨는 친구 밧다에게 전화를 하여 이동수단을 부탁했던 것이다. 잠시 후 뿔이 뾰족한 소 한 마리가 개울을 철퍽철퍽 제치더니 이곳에 도착했다. 까만 얼굴에 더벅머리를 한 밧다의 아들 앙하르와 여행객들을 달구지에서 내렸다. 앙하르는 내

짐을 번쩍 들어 달구지 위에 올려주었고, 소가 위험하니 절대로 얼굴 앞으로 가지 말라는 주의를 주었다. 달구지에 걸터앉은 나는 새로운 놀이기구를 탄 것처럼 즐거워했다. 소의 움직임에 따라 덜컹덜컹 둔탁하게 움직이는 향토적인 교통수단이 좋아서, 흑혜 신은 발을 물에 닿을락 말락 이리저리 흔들다 보니 숙소가 가까워지고 있었다.

## 남자 무당 앙하르, 6대 할아버지와 접신하다

앙하르는 네 남매 중 가장 큰형이었다. 가족이 운영하는 현지인 게르에서 온갖 허드렛일을 도맡고 있었다. 처음 만났을 때 앙하르의 시선이 내 옷에 박히는 것을 느끼자 괜히 신이 났다.

까맣고 건강한 피부색이 인상적인 앙하르에게 말을 붙여보려 했지만, 대화가 제대로 통하지 않자 나는 곧 시무룩해졌다.

게르에 도착해 짐을 풀고 빠기 아저씨의 음식 준비를 구경했다. 아저씨는

달군 돌에 양고기와 야채를 함께 구워 먹는 몽골의 전통음식 '허르헉'을 요리하고 있었다.

갑자기 어디선가 시끄러운 징소리가 났다. 소리의 진원지를 찾아 한참 두리번거리고 나서야 밧다의 주방임을 알게 됐다. 놀랍게도 앙하르가 징을 들고 있었다. 그는 몽골의 남자 무당 '버'였던 것이다.

앙하르는 얼굴이 보이지 않는 깃털 모자를 쓰고 붉은색, 노란색, 파란색,

녹색 등으로 장식된 옷을 입고 있었다. 소달구지를 끌고 왔을 때와는 다른 모습에 처음에는 앙하르라는 것을 알아차리지 못했다. 앙하르는 신내림을 받은 지 얼마 되지 않았다고 했다. 하루에 6회씩, 총 6일 동안 접신을 하는 의식을 치르는 중에 우리가 방문한 것이었다.

6대 할아버지, 할머니와 접신하는 앙하르의 모습은 굉장히 낯설었다. 앙하르가 징을 두드리자 밧다와 밧다의 남편, 앙하르의 동생들 모두가 무릎을 꿇고 숨을 죽였다. 수번의 징을 두드려 6대 할아버지와 접신한 앙하르는 몽골어로 밧다 부부를 꾸짖기 시작했다. 평소의 앙하르는 술도 담배도 하지 않았지만, 지금의 앙하르는 밧다가 따라주는 몽골 술 '아르히'를 벌컥벌컥 마셨다. 할아버지가 살아생전 담배와 몽골 술을 즐기셨다고 했다.

## 별빛 쏟아지는 게르의 밤

앙하르는 6대 할아버지와 할머니를 만날 때마다 입는 옷을 우리에게 보여줬다. 조부모님의 뜻을 제대로 전달하기 위해 입는 옷인 만큼 신성한 물건이었다. 할아버지, 할머니와 접신했을 때 앙하르의 부모님은 실제로 조부모님이 살아계신 것처럼 앙하르를 대했다.

전통옷을 입었을 때와 벗었을 때의 앙하르는 전혀 다른 사람이었다. 옷의 용도에 따라 전혀 다른 사람이 되기도 하고, 새로운 의미가 부여된다는 것을 앙하르를 통해 확인했다.

아까 테렐지 평원에서 만난 상인의 모습이 떠올랐다. 기념품을 판매하던 그는 내 옷을 가리키며 활짝 웃었다.

"후르홍, 후르홍!"

"옷 예쁘대요."

빠기 아저씨가 번역해 주었다. 노점상이 입고 있던 옷은 나와 비슷해 보였고, 나 역시 그의 전통옷이 아름답다고 생각했다. 하지만 그의 눈에는 내 옷이 더 예뻐 보였던 모양이다. 다른 문화권에서 보는 전통옷은 이토록 서로에게 이색적이고 매력적으로 비치는가보다.

의식을 마친 앙하르는 평소의 모습으로 돌아왔다. 밧다가 앙하르에게 물 한 잔을 건넸다. 밧다는 흔치 않은 접신 장면을 우리에게 보여주며 무속인 아들을 무척 자랑스러워했다. 앙하르는 이 일이 힘들지 않다고 했지만 나에겐 상상할 수 없는 신비스러운 일이었다.

게르에는 한국인 김 씨 아저씨도 머물고 있었다. 나는 아저씨와 앙하르의 전통옷과 한복의 공통점에 대해 이야기를 나누었다. 자연스러운 색감과 느낌, 그리고 형태들에 대해서 꽤 소상히 비교를 했다. 두 옷 모두 붉은색, 푸른색, 흰색과 같은 원색이 쓰이지만 색감 하나하나에 의미가 있다는 것. 한

국의 무당들도 화려한 전통의상을 입고 신과 만난다는 것 등등. 휘날리는 자락이나 자연 속에서 더욱 아름다워 보이는 아시아의 전통옷은 많은 점에서 닮아 있는 것 같았다.

몽골의 밤하늘은 별들이 쏟아져 내릴 듯 반짝였다. 강 쪽에서 들리는 파티 소리가 잦아들고 난 후 나와 김 씨 아저씨, 앙하르는 게르 안에서 다시 만났다. 앙하르는 20대 초반의 꿈 많은 젊은이였다. 나는 앙하르에게 접신할 때 입었던 옷이 매우 인상적이었다고 말해주었다. 김 씨 아저씨는 내 옆에서 노트북을 켜놓고 앙하르와 나의 이야기를 서툴게 통역해주셨다. 나는 일상복을 입었을 때의 앙하르와 접신할 때 입는 전통옷을 입었을 때의 그의 모습이 전혀 다르다고 말했다. 앙하르가 보는 나 역시 비슷한 느낌일 것이다. 우리는 서로 다른 나라에서 다른 삶을 살고 있지만, 우연히도 이 몽골 테를지에서 만나 추운 밤을 함께 보내며 전통옷에 대한 대화를 나누고 있었다.

## 소원바위에서 "포토, 포토"

목적지는 '후스티 핫' 섬. 홉스굴에서 보트를 타고 들어가야 하는 일명 '소원바위'다. 보트에는 어느새 여행자들로 가득 찼다. 알아들을 수 없는 말들이 가득한 보트 위에서 다시 한 번 외국에 왔다는 것을 실감했다. 30~40인승 하얀 보트에는 정원에 맞춰 구명조끼가 비치돼 있었다. 몇몇 승선객들이 구명조끼가 없다고 항의하자 "아, 그냥 타요."라는 한국어가 들렸다. 한국인이 또 있나 보았다.

세상이 온통 하얗다. 배도, 의자도, 천정도. 내가 입은 구명조끼만 노란색이었다. R은 모자를 깊게 눌러 썼다. 6월이지만 이곳 홉스굴의 바람은 꽤 찼다. 보트를 타고 물살을 가르기 시작하니 바람이 곱절로 불었다. 바람은 내 머리를 엉망으로 헝클어 놓았다. 문득 어렸을 때 일이 떠올랐다. 우리 집에 놀러온 아버지 친구가 큰 손으로 내 머리를 쓰다듬어 주셨는데, 나중에 거울을 보니 머리에 까치집이 있었다. 바람은 내 얼굴을, 내 귀싸대기를 마구 갈겼다.

"아이고, 여기 와서 바람에게 뺨을 다 맞네."

예상 소요시간 20분은 생각보다 길었다. 머리를 손으로 대충 매만진 다음 치마를 훌떡 들어 섬에 발을 내딛었다. 갑자기 한 중년여성이 나를 잡아끌었다. 함께 탄 한국 여행자였다.

"한복 입은 언니야, 나랑 사진 좀 찍자."

네에, 할 겨를도 없었다. 함께 오신 분이 휴대폰 카메라를 들이대는데 어쩌긴 뭘 어째. 그냥 웃는 수밖에. 그분이 사진을 확인하러 몇 걸음 옮기자, 다른 여행객들이 내 옆으로 다가왔다. 이번에는 몽골인인 것 같았다.

"포토, 포토!"

수락의 뜻으로 내 양쪽에 서 있는 분들의 허리춤을 양팔로 감았다. 이름도 모르고 어디에서 왔는지도 모르지만 우리는 쏟아지는 햇빛 아래, 나란히 함께 서 있었다.

## 제가 가진 모든 재능을 쏟을 수 있도록 해주세요

이 작은 섬의 소원바위는 가파른 돌길을 올라야 했다. 바스러지는 흙속에 돌들이 박혀 있고, 그 위를 한 걸음씩 올라야 했다. 발을 제대로 딛지 않으면 미끄러져 다칠 수도 있었다. 다행히 속바지를 챙겨 입었기 때문에 치마를 입어도 그리 불편하지는 않았다. R과 손을 잡고 정상으로 올랐다. 위로

오르니 아까 보트에서 맞았던 바람이 다시 불어왔다.

이곳이 소원바위라는 것을 확인시켜주듯, 왼쪽 끝에 기다란 기둥과 돌무덤이 있었다. 돌무덤의 위쪽에는 깃털 등의 장식물이 달려 있고, 기둥에는 파란색, 빨간색, 노란색 천이 칭칭 감겨 있었다. 바로 아래가 절벽이라 매우 위험한데도, 그곳을 지나지 못하도록 제지하는 사람은 한 명도 없었다. 다들 표식을 중심으로 빙빙 돌거나 손으로 돌을 만지며 기도했다.

몽골의 신은 나 같은 외국인의 기도도 들어주시려나. 나는 손을 가지런히 모으고 눈을 꼭 감았다.

'한복과 함께 행복한 날들을 보낼 수 있도록 도와주세요. 제가 가진 모든 재능을 쏟을 수 있도록 도와주세요. 훌륭하고 부지런한 재능 낭비인이 된다면 좋겠어요.'

나는 마음속에 있던 모든 소원을 바위에다 털어놓았다.

## 앙큼한 바람의 손, 따뜻한 당신의 손

보트가 섬에 정착하는 시간은 약 30분이었다. 소원바위를 본 사람들은 지체 없이 아래쪽으로 내려갔지만 나와 같은 캠프에서 온 사람들은 위쪽에서 시간을 보냈다.

왼편으로는 홉스굴 호수가 또 보이고, 오른편으로는 빼곡히 채워진 나무들이 서 있었다. 속치마와 면치마가 세찬 바람에 사정없이 휘날렸다. 땋은 머리끝에서 빨간 댕기가, 면저고리의 얇은 고름이 바람결을 따라 연신 펄럭였다. 코랄핑크색 면치마를 헤집는 바람에, 속치마의 하얀 단이 빼꼼, 모

습을 드러냈다. 이곳은 온통 푸른 숲과 파란 호수였다. 하늘에는 흰 구름 몇 점이 떠 있는 쾌청한 날이었다. 내가 입은 한복치마가 이런 풍경과 꽤 잘 어울린다고 생각했다. 앉아 있던 몸을 일으켜 세웠다. 온몸으로 바람이 느껴졌다. 치마가 불어오는 바람을 받아 깃발처럼 펄럭였다. 나는 새라도 된 것처럼 펄럭펄럭 양팔을 위아래로 휘저어 보았다. 불어오는 바람에 댕기가 내 빰을 찰싹 때렸다. 넘어질 것 같아 조심스럽게 앉으려다 그만 치마가 머리 위로 뒤집히고 말았다.

"안돼애애애~ 내 치마."

"뒤집어지는 걸 놓쳤네. 하하하하."

R이 장난스럽게 웃었다. 나는 그가 내미는 손을 붙잡고 일어섰다. 14년 전 대학 캠퍼스에서 처음 잡았던 바로 그 손이었고 삶의 고비마다 나를 붙

잡아준 손이었다.

그때 누군가 나를 불렀다. 여행자 캠프에서 만난 꼬마 아가씨였다. 내 손을 잡아끌며 뭔가 원하는 눈빛으로 나를 올려다보았다. 꼬마와 함께 온 부모님이 카메라를 들고 나를 보며 아는 체를 했다.

"함께 사진 찍자!"

내가 꼬마의 어깨에 손을 살짝 올리자 꼬마는 작은 손으로 내 손을 꼭 붙잡았다. 따스함이 전해졌다. 꼬마는 나를 보며 배시시 웃었다. 그래, 서로의 언어를 몰라도 좋았다. 그냥 이렇게 웃으면 되니까. 우리는 시원한 바람을 온몸으로 느끼며 카메라에 시선을 고정했다.

## 몽골 할아버지가 주신 사탕 두 개

승선한 인원수를 세는데 사람들이 웅성거리는 소리가 들렸다. 사람들은 각자 자리에 두었던 구명조끼를 입고 있었다. 그런데 몽골 할머니의 구명조끼가 없었다. 구명조끼가 사람 수에 맞지 않았던 문제가 지금에야 드러난 것이다. 함께 오신 분이 자신의 것을 벗어드리려 했지만 극구 사양하고 계셨다. 나는 할머니에게로 다가갔다.

"……!"

"……?!"

말없이 우리의 눈빛이 오고갔다. 나는 내 구명조끼를 할머니 품에 안기려 애를 썼고, 할머니는 괜찮다는 뜻으로 손사래를 치셨다. 나는 포기하지 않았고, 할머니는 내 고집스러운 눈빛에 난감한 표정을 지으셨다. 나는 할머니의 팔 사이로 구명조끼를 끼워 '철컥' 소리가 나게 버클을 닫은 후 R의 옆으로 돌아왔다.

"사고가 나면 너를 붙잡아도 되겠지?"

"나도 벗을까? 죽어도 같이 죽어야지."

R과 농담을 주고받고 있는데 뒤에서 누군가가 나를 손가락으로 쿡쿡 찔렀다. 뒤돌아보니 회색 빵모자와 안경을 쓴 몽골 할아버지였다. 말이 통하지 않으니 행동이 우선이었다. 손을 붙잡으시기에 살짝 힘을 뺐더니 내 손바닥에 사탕 두 개를 올려 주셨다. 사탕과 할아버지를 번갈아 보고 있으려니 자신의 입을 가리키며 뭐라고 말씀하셨다. 정확한 뜻을 알 수는 없었지만 나를 칭찬하며 사탕을 선물로 주신 거라는 것쯤은 알아차릴 수 있었다.

"할아버지, 고마워요!"

나는 그동안 할머니, 할아버지의 사랑을 받는 게 어떤 것인지 궁금했다. 친구들은 할머니가 "아유, 내 강아지" 하면서 찬장에 숨겨둔 사탕이나 간식들을 내어주셨다는 이야기를 내게 들려주곤 했다. 조부모님이 일찍 돌아가셔서 그런 정을 모르고 살던 나에겐 동화 같은 이야기였다. 그런데 이곳 몽골에서 할아버지의 정을 느끼게 된 것이다. 나는 공손하게 인사하고 할아버지가 주신 사탕을 가방 속에 소중히 넣었다.

## 미안해, 그리고 고마워

한복을 입고 여행하다 보면 가장 신경 쓰이는 것은 사진이다. 고생 아닌 고생을 하면서 남들과 다른 옷을 입었으니 더욱 특별한 사진을 남기고 싶은 거다. R이 나를 예쁘게 찍어줄 수 있도록 카메라 앞에 설 때마다 다양한 포즈를 취했다. 사람 마음은 참 이상하다. R이 찍은 사진들이 죄다 마음에 들지 않는 거다.

"다시 찍어줘."

"이렇게?"

"아니, 아니. 그렇게 말고. 이렇게. 내가 저기 가서 딱 서 있을 테니까 이 각도로 찍어줘."

어쩌면 이렇게 이기적일 수 있을까. 나는 내가 원하는 구도와 이미지가 나올 때까지 R을 못살게 굴었다. 이 정도쯤 되면 R은 여행을 온 것이 아니라 내 수발을 들러 온 것이나 마찬가지였다.

R을 처음 만난 것은 대학교 4학년 때였다. 나는 사범대학에서, 그는 공과대학에서 공부를 하다가 마지막 학기 댄스 스포츠 교양수업에서 얼굴을 마주치게 됐다. 수강신청자 성비는 '여자:남자=1:2'여서 여학생 한 명당 남학생 2명이 짝을 지어 수업을 받았다. 그는 내 파트너가 아니었지만 나를 본 순간 마음에 들었다고 한다. 남몰래 내 옆에 알로에 음료수를 두고 도망가던 사람이었다. 캠퍼스 교정에서 여자 친구와 손을 잡고 걷는 것이 꿈이라고 말하며 얼굴을 붉혔던 그와 처음으로 영화관에 갔던 날 나는 영화를 제대로 보지 못했다. R이 화면은 안보고 내 얼굴만 쳐다보았기 때문이다. 한참 후에야 R은 다른 사람들과 활달하게 어울리는 내 모습이 보기 좋았다고

털어 놓았다. 그리고 우리는 데이트를 시작한 지 6년 만에 혼인을 했다.

사람들은 나의 한복여행 사진을 보고 놀라워했다.

"누가 사진을 찍어 주었나요?"

"사진사와 동행하신 것인가요?"

한국에서 한복여행 세미나를 진행할 때마다 빠지지 않는 질문이었다. 그때마다 나는 이렇게 대답했다.

"가족이요. 저를 제일 잘 아는 가족이 찍어주었어요."

나는 알고 있다. 언제나 R과 함께였기에 사진 속의 내가 빛날 수 있다는 것을. 아름다운 순간들을 카메라에 담아주는 R 덕분에 인생사진을 많이 건졌음에도 불구하고, 여행을 할 때마다 R에게 자꾸 사진을 강요하고 있는 나를 발견한다.

"미안해."

"알면 됐어."

R은 시무룩했다. 그는 최선을 다해 나를 찍어주고 있었다. 그런데도 불평만 하다니, 나는 참 욕심쟁이다.

"고마워."

내 말에 그는 말없이 내 손을 꼭 잡아 주었다. 예쁜 척하고 찍은 사진이 다 뭐람. 이렇게 우리가 함께 몽골에 있었다는 것을 확인할 수 있는 사진이면 충분한데.

닫는 글

# 한복치마에 세계를 품을 때까지

30도를 훨씬 웃도는 2013년 여름, 나는 한복을 입고 2박 3일간 서울 북촌 한옥마을을 여행하는 중이었다. 사람들의 시선이 내게 다가와 콕콕 박혔다.

'더운데도 저렇게 한복을 입었네. 쯧쯧….'

'저렇게 불편한 한복을, 젊은 사람이 애 많이 쓰네.'

이런 저런 말들이 내 귀를 훑고 지나갔다. 여물지 못한 마음에 생채기가 날 법도 하지만 한복을 입고 지낼수록 내 마음은 탄탄히 익어갔다.

마침내 나는 한복을 입고 비행기를 탔다. 이탈리아의 울퉁불퉁한 돌길을 걸었고, 스페인의 바람 부는 몬세라트수도원에 올라갔다. 뜨거운 햇볕이 내리쬐는 베트남에서는 사파 트레킹을 했고, 몽골 평원에서는 말을 탔다. 4,130미터의 네팔 안나푸르나에도 한복을 입고 올랐다. 걱정했던 것과 달리 한복은 여행하는 동안 생각보다 불편하지 않았다. 나는 한복이 이끄는 대로 따라갔고, 그러다 보면 어느덧 낯선 곳 낯선 사람들과 함께였다. 생각보다 많은 사람들이 한복에 관심을 가져주었다. 나는 여행지에서 전통옷을 입은 사람을 만날 때마다 함께 사진을 찍었다. 나는 그것을 '전통과 전통의 만남'이라고 이름 붙였다.

자신의 문화를 사랑하는 사람들은 나의 스타일도 존중해주었다. 우리는 서로의 공통점과 다른 점에 대해 토론하고 공감했다. 언어가 통하지 않을

때는 마음이 통하는 놀라운 경험을 했다. 편견을 부수었더니 한복은 나를 빛나게 만들어 주었다.

오랜만에 여행을 마치고 집에 돌아갔더니 고양이들이 달려들었다. 나를 기억할지 혹시 모른 체하면 어쩌지 싶어서 마음의 준비를 단단히 하고 들어왔건만, 그들의 환대에 눈물이 날 것 같았다. 고양이들은 내가 가지고 온 새로운 냄새들을 느끼고 경험하느라 정신없었다. 짐을 쏟아 놓은 캐리어를, 입고 다녀온 한복을, 내 흑혜를 코로 탐색했다. 고양이 로미는 미처 치우지 못한 내 한복 저고리 위에 자리 잡았고, 설기는 속치마 안쪽에 들어가 있었다. 나보다 더 한복을 좋아하는 고양이들은 한복 안에서 꾸벅꾸벅 졸

기 시작했다.

태국여행을 갔을 때도 고양이들은 내 한복에 관심을 가졌다. 어느 날 대학교 안에 사는 고양이들을 내려다보고 있자니 고양이 한 마리가 내 한복치마 속으로 폭 들어와 자리를 잡았다. 또 다른 고양이는 매화 그림의 부채 끝을 장식한 매듭에 열광해 한참동안 나를 떠나지 않았다. 만나는 고양이들마다 내 한복치마 속을 파고들었다. 내 한복치마는 아주 봉긋해서 고양이들에게는 거대한 차양이나 텐트 같았을 것이다.

누군가가 내가 사랑하는 것에 관심 가져주는 것처럼 기분 좋고 신나는 일은 없다. 사랑하는 가족들과 고양이들이 한복을 입은 나를 바라보는 눈빛이 좋았다. 내 치마 속으로 들어와 자리를 잡아주는 존재들이 사랑스러웠다. 어쩌면 나는 한복을 입고, 내가 사랑하는 사람들을, 내가 사랑하는 나라를, 내가 살고 있는 지구촌을 감싸 안고 싶은 건지도 모른다.

내가 사랑하는 한복을 더 많이 더 오래 입고 싶다. 나는 내가 알고 있는 것을 다른 사람들에게 나눠주는 능력을 가졌다고 자부한다. 앞으로도 더 부지런하게, 재능과 시간을 낭비해 볼 생각이다. 사라지는 것은 또다시 새로운 것들로 가득 찰 수 있음을 믿기에, 오늘도 나는 짐을 싼다. **나의 한복 여행은 현재진행형이다.**

한복여행가 기획단 포토그래퍼 김상수, 박진, 박형원 님,

나의 가장 좋은 친구가 되어주시는 어머니 김은희 님,

나의 영원한 동반자 이대룡 님께

특별히 감사드립니다.

나의 한복여행은 현재진행형이다.

# 청춘한복아랑

나들이 한복 대여, 맞춤 브랜드

**한복 대여**
**1만원 할인**

서울시 종로구 창경궁로 81 종로4가 혼수지하쇼핑센터 36호
facebook.com/arang.hanbok

적용 / 이용방법은 뒷면 참조

# 청춘한복아랑

나들이 한복 대여, 맞춤 브랜드

**한복 구입**
**10% 할인**

서울시 종로구 창경궁로 81 종로4가 혼수지하쇼핑센터 36호
facebook.com/arang.hanbok

적용 / 이용방법은 뒷면 참조

# 에올라타

생활한복 대여, 맞춤, 구매 브랜드

**한복 구입**
**20% 할인**

서울특별시 서대문구 이화여대길 52-11
www.에올라타.com

적용 / 이용방법은 뒷면 참조

# 아기새랑[朗]

비녀, 머리꽂이 등. 한복 장신구 주문 제작 브랜드

**한복 장신구 구입**
**10% 할인**

카카오톡 ID : velykim0709
blog.naver.com/hyeni0709

적용 / 이용방법은 뒷면 참조

## 쿠폰 이용 방법

청춘한복아랑

· 제공사항 : 한복 대여 1만원 할인

· 주소 : 서울특별시 종로구 창경궁로 81 종로4가혼수지하쇼핑센터 36호

· 전화번호 : 02-2272-9522

· 홈페이지 : facebook.com/arang.hanbok | instagram.com/arang.hanbok

· 방문 시에만 사용이 가능하며, 결제 시 쿠폰을 직접 제시하면 할인 적용 가능합니다.

· 쿠폰은 1인 1매에 한하며, 업체의 사정으로 인해 예고 없이 쿠폰행사가 종료될 수 있습니다.

## 쿠폰 이용 방법

청춘한복아랑

· 제공사항 : 한복 구입 10% 할인

· 주소 : 서울특별시 종로구 창경궁로 81 종로4가혼수지하쇼핑센터 36호

· 전화번호 : 02-2272-9522

· 홈페이지 : facebook.com/arang.hanbok | instagram.com/arang.hanbok

· 방문 시에만 사용이 가능하며, 결제 시 쿠폰을 직접 제시하면 할인 적용 가능합니다.

· 쿠폰은 1인 1매에 한하며, 업체의 사정으로 인해 예고 없이 쿠폰행사가 종료될 수 있습니다.

## 쿠폰 이용 방법

에올라타

· 제공사항 : 한복 구입 20% 할인

· 주소 : 서울특별시 서대문구 이화여대길 52-11

· 전화번호 : 0506-768-7370

· 홈페이지 : www.에올라타.com

· 방문 시에만 사용이 가능하며, 결제 시 쿠폰을 직접 제시하면 할인 적용 가능합니다.

· 쿠폰은 1인 1매에 한하며, 업체의 사정으로 인해 예고 없이 쿠폰행사가 종료될 수 있습니다.

## 쿠폰 이용 방법

아기새랑[朗]

· 제공사항 : 한복 장신구 구입 10% 할인

· 카카오톡 ID : velykim0709

· 홈페이지 : blog.naver.com/hyeni0709 | instagram.com/vlykim

· 온라인 주문만 가능하며, 주문 시 쿠폰에 아래 사항을 기입하여 쿠폰 사진을 찍어 제시해주세요.

· 쿠폰은 1인 1매에 한하며, 유효기간은 2018년 2월 1일까지입니다.

| 이름 | | 연락처 | |
| --- | --- | --- | --- |
| 주소 | | | |